0-3歲寶寶
主副食全調理

0-3歲寶寶
主副食全調理

0-3歲寶寶主副食全調理

腸胃決定孩子的健康與發育

小兒專科醫師
葉勝雄・田馥綿 合著

文經社

自序

孩子的成長過程中，食物比藥物還重要

副食品是一門知難行易的學問。「知難」指的是副食品有很多細節，現代父母除了關心寶寶的生長發育之外，還要注意智力及視力發展、預防過敏等等，而且有些觀念不斷在變，網路上新舊夾雜的資訊常讓人無所適從。「行易」指的是副食品其實也沒那麼難做，新手父母缺的是時間和經驗，常常興沖沖地買了食譜後卻束之高閣。

一開始想寫篇文章說明兩個主要的觀念，第一是副食品應該從四或六個月大開始吃，第二是容易過敏的食物應不應該晚一點再添加。但是寫到維生素D和鐵質缺乏的問題時，發現官方說法和醫界不同，也和國外作法不一樣，不知如何下筆。還好在兒科的臉書社團裡，前輩們不吝惜分享經驗與看法，總算從中理出頭緒，也發現要用更大的篇幅才能說明原委。

後來受邀參加ＴＶＢＳ「健康兩點靈」的〈幼兒全營養〉單元，有機會和營養師針對嬰幼兒營養做進一步交流。在孩子的成長過程中，食物比藥物還重要，但一般人較少會問醫生有關營養的問題。其實營養學一直都是小兒腸胃科的範疇，例如肝膽疾病會妨礙脂肪和脂溶性維生素的吸收、長期不能進食的兒童需要精心調配的全靜脈營養、營養過剩會造成肥胖與脂肪肝等。

節目播出後，很幸運地得到文經社的迴響，讓構想得以付梓，可以詳細解釋副食品的觀念，讓營養學的知識生活化，並納入嬰幼兒各階段的腸胃問題和醫療保健常識，例如常見的溢奶、黃疸、嬰兒腸絞痛、腸胃炎、便秘，哈姆立克法等。若能配合醫師看診時的重點提醒，必能更加了解疾病的預防與處置。

在建立觀念、了解疾病、認識營養之後，若能親手做副食品給小孩吃，那就更棒了！這部份由田醫師精心挑選食譜並親自示範，以她看診之餘打點三個小孩的經驗，新手父母一定可以快速入門、簡單上手，不管是全職爸媽或雙薪家庭，都可以配合生動的解說，體會自己動手作的樂趣，讓副食品變成一項「知易行樂」的親子活動！

葉勝雄

自序

我是小兒科醫師，也是三個孩子的媽媽

以前常常聽兒科的前輩說：「等到你自己當了爸媽之後，才真正完成了兒科醫師的訓練！」的確，說的實在太有道理了！自從我有了小孩之後，遇到了前來求診的爸媽們，特別能體會他們焦急的心情，就算小孩沒有任何問題，也不再抱怨他們總是大驚小怪。

幾年前還在醫學中心時，很多阿公阿嬤看到我們這些醫師，心中總是會浮出疑問：「這沒帶過小孩的年輕醫師，真的可以信任嗎？」但在經歷了懷孕、生子（一生還生到第三個）、帶小孩後，在門診跟爸媽們解釋病情或是做起衛教，總感覺越來越順手，常常還可以就自己的經驗和媽媽們互相分享，或是互相打氣。我很能理解剛生完小寶寶的媽媽們，睡眠總是不夠，頭腦常常昏昏沉沉，太複雜太困難的食譜，對媽媽們來說根本就是無字天書。

我從進入臨床課程開始就很喜歡小兒科，但是真正進到兒科的領域後，就發現這並不是一個簡單又容易的科別，不但要照顧生病的小孩，還要照顧焦急的父母。尤其到了基層診所後，發現對家屬的衛教變得更加重要。曾經遇過一個阿嬤，堅持要等小孫子的牙齒長出來，才肯開始餵食副食品。而她帶孫子來診間求診的主訴是：「他最近都不愛喝奶。」我花了很多時間跟她解釋厭奶與餵食副食品，另外又講了許多餵食的技巧以及注意事項。在小兒科的診間有太多的家屬，並不需要我們開特效藥給寶寶吃，他們需要的常常只是詳細的衛教。

在這個資訊氾濫的世代，很多爸媽都是上網「找專家」來解決寶寶的問題，於是很多似是而非的觀念就這樣形成了！來求診的爸媽常會說：「網路說給寶寶這樣吃比較好……」或是「網路上說不可以這樣做……」但事實上，發表這些「專家言論」的人，常常是熱心的爸媽提出自己的經驗談；但每一個寶寶都是不一樣的個體，別人的養育方式不見得適合用在自己的小孩身上。和葉醫師合寫這本書，就是希望可以給大家比較正確的觀念，讓大家都可以輕輕鬆鬆的把小孩養得頭好壯壯。

目次
Table of Contents

PART 1

餵母乳，媽媽寶寶身體都健康：

優質營養的母乳期 0–4個月

PART 2

腸胃與副食品的第一次親密接觸：離乳飲食的適應期 5－6個月

PART 3

先吃蛋黃、再吃蛋白，飲食順序很重要！避免過敏的擴展期 7－9個月

PART 4
副食品多樣性，腸胃營養要多元：攝取營養的轉型期 10－12個月

PART 5
腸胃好，身體就健康：奠下基礎的成熟期 1－3歲

PART 6

飲食進階一二三：
寶寶營養副食品

PART
1

餵母乳，媽媽寶寶身體都健康：

優質營養的母乳期 0-4個月

對於餵母乳的媽媽而言，出生後一樣是「一人吃，兩人補」，因為母乳的成分會隨媽媽的營養狀態而變，所以媽媽的營養對寶寶來說相當重要！

觀念入門全照護：

母乳，新生兒的第一選擇

母乳是上天賜給新生兒最好的禮物，它有許多嬰兒配方奶粉比不上的寶貴成分，台灣自二〇〇一年全面展開「母嬰親善醫療院所認證」，將母乳哺育的推廣和教育落實到最前線，從寶寶出生的那一刻就緊鑼密鼓地開始。母乳好處多多，如下列所示：

- 免疫球蛋白ＩｇＡ是站在黏膜第一線的抗體，可以阻擋病原體侵入。
- 寡糖提供腸內益菌養分，使之能和壞菌相抗衡。
- 細胞激素有抗發炎的作用。
- 乳鐵蛋白可以預防腸病毒71型。
- Kappa-酪蛋白能增強免疫力，避免肺炎鏈球菌和嗜血桿菌造成呼吸道的感染。
- 表皮生長因子和神經生長因子。

（一）初乳這麼少，夠嗎？

媽媽在懷孕中期就開始具備製造初乳的能力，分娩前暫時被胎盤所產生的黃體素壓抑住，產後約五天內，分泌的即是初乳，顏色跟成熟的

母乳相比，較為偏黃，且擁有較多的乳糖、蛋白質和珍貴的免疫球蛋白。新手媽媽最擔心奶水不足，尤其是前幾天，其實初乳的量本來就很少，同樣的，寶寶第一天的胃容量也只有5～7c.c.，像彈珠般大小而已，所以每一餐只需少量初乳即可飽足。算一算，初乳在第一天的總量若能達到30～100c.c.就足夠了，寶寶吃太多反而還會溢奶！

（二）如何增加母乳量？

- 盡早開始：在出生一小時內就開始讓寶寶試吸，若能在半小時內尤佳，並讓初生的嬰兒有多一點的時間和母親作皮膚的直接接觸。圖

- 徹底排空：每一次都要接著從上一次最後哺餵的那一邊開始餵，餵完再換另一邊。如此一來，兩邊都能輪流徹底排空，刺激下一次製造更多的母乳。圖

- 頻繁哺育：寶寶吸吮乳房時，除了會刺激腦下垂體分泌催產素以引發噴乳反射外，也會刺激腦下垂體分泌出泌乳激素，如果給的刺激越多，乳房就會製造越多的母乳，是一種正向的回饋作用。因此在不能餵奶時，還是得定時將母乳擠出，提供足夠的刺激以維持母乳的分泌。圖

②排空後換邊

①新生兒試吸

③刺激乳腺

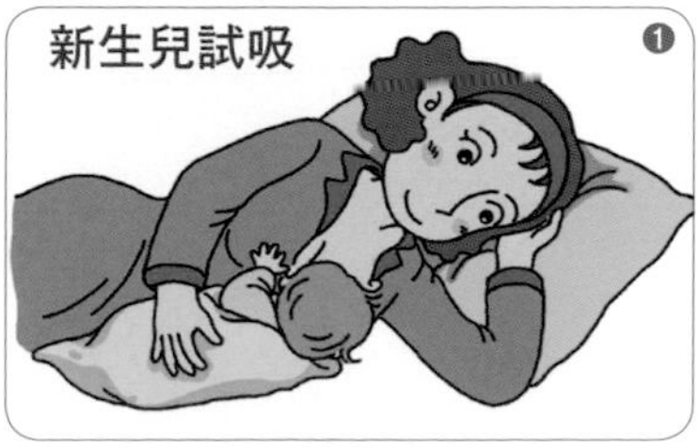

- **心情愉悅**：除了寶寶的吸吮刺激之外，媽媽正向的情緒也有助於噴乳反射，相反的，若是負面的情緒則會暫時抑制噴乳反射。因此保持心情愉悅，或者有來自旁人的鼓勵，都有助於母乳哺育。圖❹

常保開心❹

（三）母乳可以保存多久？

母乳以直接親餵為第一選擇，再來才是使用最近儲存的母乳，因為母乳的成分會隨著寶寶長大而變化。以蛋白質為例，酪蛋白的比例在初乳為10％，成熟乳為40％，後期乳為50％，因此若不能親餵，應該選擇越新鮮、越接近寶寶現在年紀的備用母乳為宜。除非有效存量越來越少，才用先前已儲存較久的母乳。

母乳在不同條件下的保存期限：

- **室溫**：6~8個小時。
- **有冰寶的絕緣冰桶**：24小時。
- **一般冰箱冷藏室**（4℃）：5天。
- **單門冰箱冷凍室**（-15℃）：2週。
- **獨立冷凍室**（-18℃）：3~6個月。

冷藏或冷凍時，盡量放置在冰箱內側，並避免太常開冰箱或一次開太久，以保持溫度的恆定。

媽媽的常見問題

成功的母乳哺育需要多方面的配合，出院前有專業的醫護人員可以協助，例如親餵時如果媽媽感覺會痛，就有可能是寶寶含乳姿勢不正確，可以請護士實地指導而調整。出院後也有相關團體可以諮詢，例如台灣母乳哺育聯合學會、台灣母乳協會、中華民國寶貝花園母乳推廣協會，也可撥打國民健康局孕產婦關懷諮詢專線0800-870870。

（一）漲奶怎麼辦？

生產完的第2～5天，乳汁開始大量分泌，充滿雙側乳房，如果大於寶寶吃的速度，乳房會變得堅硬且疼痛。此時要注意寶寶的含乳姿勢與吸吮技巧是否正確，並增加哺餵的次數，如果還是趕不上母乳製造的速度，最後才考慮用吸乳器或手動擠出。

（二）乳腺管阻塞如何預防？如何處理？

乳腺管如果時常殘留乳汁，就可能逐漸阻塞，造成局部的腫脹和壓痛，在餵奶時更為劇烈。通常發生在單側，也可能先後在不同的位置出現。

預防方法：

- 頻繁哺育。
- 變換不同哺育姿勢，顧及兩側的每一個部位。

- 避免太緊的衣著，以及內衣鋼圈、揹巾、或趴睡所造成的局部壓迫。

改善方法：

- 哺育前先熱敷阻塞部位。圖❶
- 哺育前及哺育中按摩腫塊。圖❷
- 哺育時讓寶寶的下巴對準腫塊的方向。圖❸

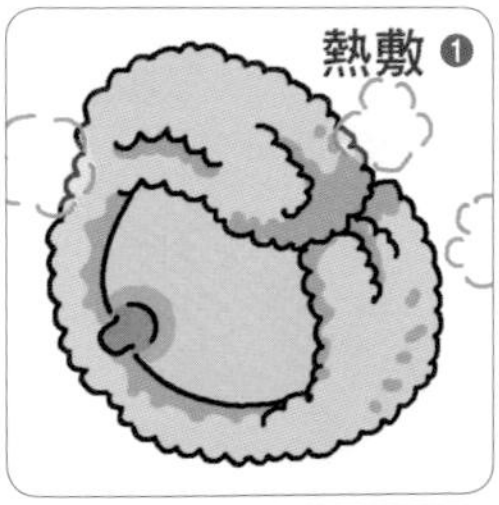

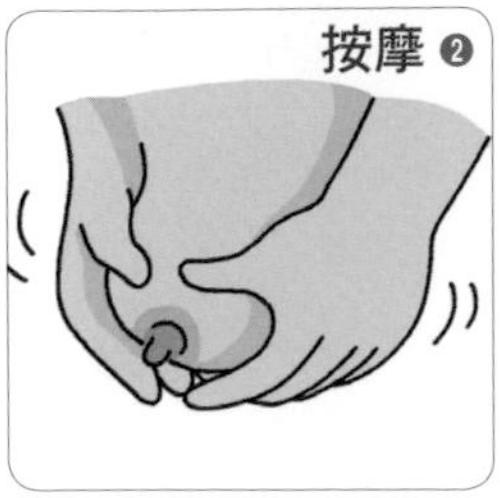

通常可以在持續哺育24~48小時後緩解。若還是沒有改善，可用治療性超音波做深層熱療，或進行傳統的細針抽吸術。如果位置靠近乳頭，可能形成白色或黃色的小水泡，可用柔軟的毛巾輕輕擦拭，使之變軟，或請醫生消毒後用無菌的針頭挑破。

（三）乳腺炎和乳腺管阻塞有什麼不同？

乳腺炎和乳腺管阻塞一樣，通常也是單側局部腫塊，但除了疼痛之外，患部還會發熱發紅，且按壓的疼痛更為劇烈，常伴隨高燒、頭痛、肌肉痠痛、噁心嘔吐等症狀，就像得到流感一樣全身不舒服。

乳腺炎最常發生在寶寶出生後的第2~4個禮拜，常因為間隔太久沒餵母乳或突然減少哺餵量而引起。細菌感染也是重要因素，其中以金黃色葡萄球菌最常見。治療包括止痛藥和抗生素，哺乳不應中斷，反而應設法將乳汁排空。約有一成會形成膿瘍，這時候就得暫停患側的哺育，進行下一步治療。

寶寶的常見問題

（一）寶寶吃得夠不夠？

直接親餵的話，很難直接去測量寶寶吃了多少，但可以參考下列指標，幫助判斷寶寶吃得夠不夠：

1. **餵食次數**：母乳很容易消化，寶寶也很快就餓了，因此一開始每2～3個小時就要餵一次，一天餵8～12次，之後改成每3～4個小時餵一次。在寶寶兩個月大之前，夜間睡眠中大概還要起來餵兩次，在滿五個月後，才比較有機會一夜好眠。

2. **小便次數**：出生24小時內，只要有解尿一次就算正常。第二天兩次，第三天三次，依此類推。第六天之後，每天維持6～8次，如果不到4次，就代表寶寶喝的奶量可能不足。

3. **體重變化**：出生時體重在正常範圍的足月兒，出生後3～4天內會有生理性脫水，體重下降5～10％是正常的現象，之後會慢慢恢復，在出生後第10天左右再度超過出生體重。滿月時體重約增加1公斤，第二個月增加0.9公斤，第三個月增加0.8公斤，第四個月增加0.7公斤，此時體重約為出生時的兩倍，到週歲時的體重約為出生時的三倍。至於早產兒的話，在一開始的生理性脫水會更明顯，恢復至出生體重所需的時間也較久，之後的體重增加是否能跟得上進度，還要參考矯正年齡以後才能作判斷。

不要為了補充水分而讓純母乳的寶寶喝白開水，因為多喝白開水，寶寶就會少喝母乳，減少了熱量及營養的攝取，反而得不償失。而且萬一不小心喝太多的話，還有水中毒的危險，造成低血鈉或痙攣。

（二）寶寶低血糖會有什麼症狀？

一般健康足月兒很少會低血糖，不必常規檢驗。但若有低血糖的危險因子，例如媽媽懷孕期間有糖尿病（寶寶通常超重）、寶寶早產或出生體重過輕、出生前後缺氧、體溫過低、疑似敗血症等，則必須在出生後盡早開始監測血糖。低血糖的症狀包括顫抖、顫動、痙攣、眼睛上吊、呼吸暫停、呼吸不規則、呼吸窘迫、嘴唇發紫、呆滯、厭食、活動力不好、哭聲尖銳或無力、盜汗等等。

（三）什麼是乳頭混淆？如何預防？

乳頭混淆是指寶寶在使用過奶瓶之後，就無法恢復親餵了，原因在於兩者的吸吮動作不同。用奶瓶餵奶時，寶寶主要是用吸的，舌頭由後向前抵住奶嘴頭以控制流量，負責踩煞車；親餵時，寶寶主要是用擠的，舌頭由前往後擠出乳汁，負責踩油門。如果在親餵時，舌頭原本該踩油門卻踩成煞車，母乳當然就出不來了。

避免乳頭混淆的方法，是在六週大之前不要瓶餵，非不得已時則使用流速較慢的奶嘴頭，或者乾脆改用不易與乳頭混淆的器具，例如安全性材質的杯子或針筒。若已

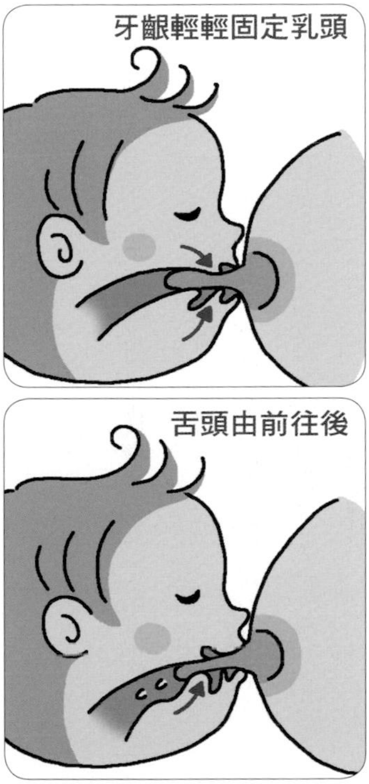

親餵的動作

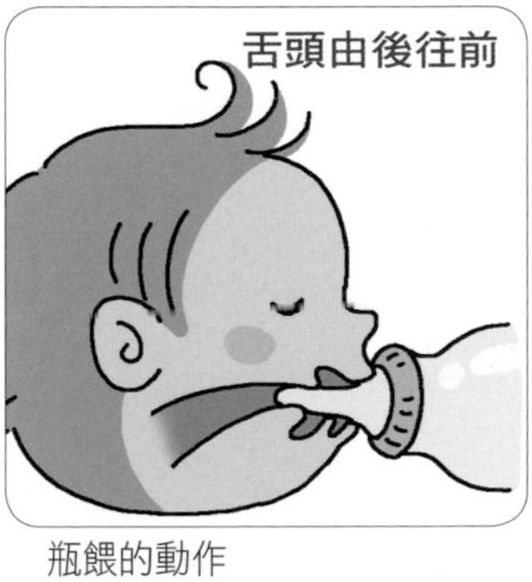

瓶餵的動作

經有了乳頭混淆的現象，可在親餵前先擠出一些乳汁，讓乳腺通暢，寶寶才不會因為一直沒吸到母乳而提早放棄，有機會慢慢摸索並調適回來。

相對的，也有媽媽因為必須返回職場等因素，而無法繼續親餵，這才發現寶寶不會用瓶餵。此時可以檢查一下奶瓶的流速是否太快，試著換小一點的孔進行瓶餵，讓流速比較接近親餵。如果已經預定好遲早要瓶餵，也可以提早讓寶寶在六週大之後就慢慢熟悉瓶餵的感覺，才不會一下子無法適應。

Nursing Strike! 寶寶為何不喝奶？

原本親餵的寶寶，突然對乳房說不，英文稱作Nursing Strike，就像寶寶突然罷工一樣。跟下一個階段會談到的生理性厭奶不一樣，厭奶是不分親餵或瓶餵，奶量都逐漸減少，罷奶則是突然針對親餵產生抗拒。如果用工作來比喻，罷奶就像罷工一樣，並不是真的不要這份工作，只是寶寶表達某種意見的方式，訴求一達到就會馬上復工；厭奶則是一邊工作一邊對它失去興趣，反而不那麼容易恢復。

寶寶罷奶的可能原因：

病理性：

- 感冒鼻塞，所以很難邊吸吮邊呼吸。
- 長牙、鵝口瘡、單純疱疹引起疼痛。
- 中耳炎時，吸吮會引發耳朵不適。

心理性：

- 與媽媽分離太久。
- 曾因不小心咬痛媽媽而被斥責，餘悸猶存。
- 該餵奶的時間常被拖延，一氣之下乾脆都不喝。
- 作息突然有重大的變化。

環境因素：

- 周遭環境太吵，或太吸引寶寶注意。
- 媽媽的氣味有異，例如換了肥皂、沐浴乳、乳液、香水，或因服用藥物而使母乳味道改變。

排除生病的因素之後，可以嘗試用下列方法解決：

- **換姿勢餵**：變換不同的哺乳姿勢看看，也許之前的姿勢擺位讓寶寶不舒服。
- **換方式餵**：改用杯子、滴管、或湯匙的方式暫時代替親餵，若用瓶餵則有可能造成乳頭混淆。
- **換時機餵**：趁寶寶睡覺或想睡時再試試看。
- **換心態餵**：專心陪伴寶寶，給予更多安撫及擁抱。
- **換環境餵**：找一個安靜的房間，避免外界干擾。
- **找人幫忙**：罷奶通常持續2~5天，除了找醫生檢查寶寶有無生病之外，也可以尋求母乳哺育專家的協助，從旁觀者的角度比較容易發現問題所在。

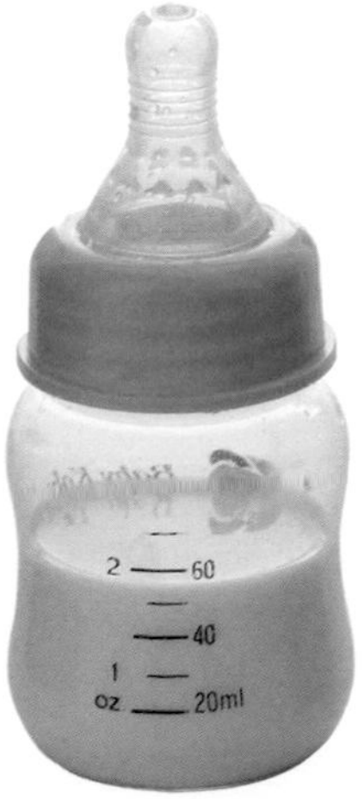

醫療保健照過來：新生兒黃疸、腸絞痛、胃食道逆流

新生兒黃疸

黃疸是新生兒出院前最常遇到的問題，有時還必須因此留在醫院照光治療，不能和媽媽一起出院。新生兒黃疸大多是生理性的，因為胎兒時期的紅血球容易分解，產生大量非結合型膽紅素，此時的肝臟酵素又不夠成熟，來不及將膽紅素結合後排出，因此在出生後的第２天開始有生理性黃疸，第４天到達最高峰，第７天以後又慢慢消失，大多不需治療就能在2週後恢復正常。以下情況也會加重黃疸，例如早產、出生後體重減輕太多、紅血球過多、身體瘀青、頭血腫、胎便延遲排出等。

（一）如何判斷新生兒黃疸的嚴重度？

黃疸時寶寶的眼白和皮膚都會變黃。新生兒的台語叫作「紅囝仔」，皮膚的顏色偏紅，不容易從中看出是否有黃疸，小訣竅是可以先輕輕按壓皮膚，趁著血色暫時褪去時觀察膚色是否偏黃。如果皮膚黃的部位只到臉部，膽紅素約為5mg/dL，如果向下蔓延到肚子，膽紅素約為15mg/dL，就有可能需要照光治療，如果一直到腳掌都變黃，代表膽紅素可能已經高達20mg/dL，要更積極處理。

但是用肉眼判斷黃疸畢竟需要很多的經驗，且難免有誤差，因此只適合由同一位觀察者對同一位寶寶作連續的比較，例如在出院後父母每天對寶寶的觀察。住院中或門診時，懷疑有黃疸的寶寶，可以先用「經皮黃疸測試儀」作初步篩檢，這是一種非侵入性的檢查，如果落在需要治療的臨界點，再用抽血或扎腳跟血的方式作最後的確認。

（二）什麼是核黃疸？

膽紅素分成結合型和非結合型，過高的非結合型膽紅素會造成急性腦病變，稱為核黃疸，依照發生時間，可分成急性型和慢性型。急性型一開始的症狀為吸吮能力變差、肌肉張力過低、痙攣，接著負責伸直的肌肉張力反而過高、頸部往上往後仰、角弓反張，一星期後則整體肌肉張力過高；慢性型在一歲前會肌肉張力過低、肌腱反射增強、運動發展遲緩、在一歲後會有不自主運動、聽力缺損、雙眼上吊。還好在小兒科醫療團隊的努力下，台灣已經很少有核黃疸的病例了。

（三）如何治療新生兒黃疸？

非結合型膽紅素可以吸收光能轉化成組態異構物或結構異構物，不必經過肝臟酵素轉化成結合型，就能分別由肝臟和腎臟排出。現在的照光治療越來越進步，特定波長藍光和光纖背毯等設備，可以讓黃疸下降較快，已經很少需要用到交換輸血來避免核黃疸了！

（四）母乳性黃疸，什麼情況下才要暫停母乳？該喝葡萄糖水嗎？

和母乳有關的黃疸，在出生一週內發生的稱作早發型，機率約1/8，主要原因是吃不夠，因此反而要更頻繁哺育母乳，兩到三個小時就要餵一次。出生一週以後才發生的稱作晚發型，原因和母乳本身的成分有關，機率約1/50，維持3~10週，大多為良性，所以也不必停母乳。如果造成黃疸的原因不明，有必要排除重要的疾病，可以暫停2天的母乳，改用配方奶，若為單純的晚發型母乳性黃疸，黃疸值會下降，通常在恢復正常母乳哺育後，黃疸值也不會再上升。切記！不要餵寶寶喝葡萄糖水來試圖降低黃疸，不僅不能解決問題，還可能因為熱量不足而讓黃疸更加重。

（五）哪些情況可能是病理性的黃疸？

下列情況，可能不只是單純的生理性黃疸或母乳性黃疸，要排除其它病理性的因素：

1. **黃疸出現太早：**第一天就出現黃疸，要小心溶血疾病、內出血、先天感染、敗血症等等。
2. **膽紅素上升太快或太高：**每天上升超過5mg/dL即太快，太快或太高都要小心是否有溶血疾病或肝細胞損害。
3. **持續太久：**要排除病菌感染、代謝疾病、甲狀腺功能低下、遺傳疾病等因素。
4. **結合型膽紅素升高：**代表結合型膽紅素從肝臟的排出受阻，可能的原因有病毒感染、新生兒肝炎、代謝疾病、膽道閉鎖等等。

5. **灰白便**：因為大便的顏色來自於尿膽素和糞膽素，兩者皆為結合型膽紅素的後續產物，所以當結合型膽紅素從肝臟的排出嚴重受阻時，大便只剩灰白色。因此除了觀察寶寶膚色之外，也要配合健康手冊上的大便卡，比對有無灰白便，若有疑問就應儘速就醫。如果是膽道閉鎖的話，要盡早進行葛西手術，把握治療的黃金時間！

嬰兒腸絞痛

兒科急診的半夜，偶爾會出現束手無策的爸媽，抱著一個月大左右的嬰兒前來求助，主訴是寶寶在家裡又開始哭鬧不安了！從爸媽的黑眼圈判斷，應該已經折騰好幾天了。醫生作完寶寶的身體檢查，看看肚子硬或軟，有沒有疝氣等等，在一一排除其它疾病之後，診斷為嬰兒腸絞痛。

（一）嬰兒腸絞痛有什麼症狀？

嬰兒腸絞痛好發於3週大到3個月大之間，有3大特徵：臉部漲紅、大腿屈曲、肛門排氣。其實嬰兒哭鬧究竟是不是腸子絞痛，除了他自己之外，也沒有人能確定，純粹是大人從他的表現去推測而已，至於引發嬰兒腸絞痛的原因更是眾說紛紜，莫衷一是。

最重要的是寶寶在每天固定哭鬧的時間之外，其餘時間是否完全正常，還有哭鬧是否能用安撫的方式停下來，或是時間到了就會自動停止，這也是為什麼常常到急診之後，寶寶就已經不哭了。就醫的目的，主要是排除嚴重疾病，若診斷為嬰兒腸絞痛，則大部分不須吃藥。

（二）嬰兒腸絞痛怎麼辦？

可以讓寶寶聽輕柔的音樂，將寶寶放在嬰兒車裡來回推，或用背帶背在身上等等。不建議擦有揮發性的驅風油，如果覺得肚子脹一定要作點什麼的話，可以用溫毛巾輕輕熱敷肚子就好。以前在急診時常用的方法，是將寶寶抱著貼靠在胸膛上，輕輕拍其背部，稍微上下晃動，並發出類似「嗯」一樣低沉的聲音，讓動作都落在同一個拍子上，規律地重複一小段節奏，吸引寶寶注意力，有時像催眠一樣，寶寶很快就睡著了。

嘔吐與嬰兒胃食道逆流

初生寶寶的嘔吐和溢奶，是新手父母的一大夢魘，不僅弄髒衣物和床單，還擔心寶寶是否因此吸收不夠，或有什麼重大的疾病。

（一）嘔吐的危險訊號有哪些？

1. 持續性嘔吐
2. 噴射狀嘔吐
3. 突發性嘔吐
4. 嘔吐物有黃綠色膽汁

5. 嘔吐物帶血或咖啡色
6. 體重長期不增加
7. 時常嗆到咳嗽
8. 喘、臉色倉白
9. 活力很差、脖子僵硬
10. 同時解血便，或像草莓果醬一樣的大便

如果有上述症狀要特別小心，必須立即就醫。如果沒有上述症狀，在這個階段嘔吐最常見的原因是胃食道逆流。大人胃食道逆流最常見的描述是「火燒心」，胸口有灼熱感，但是嬰兒不會表達，主要是以嘔吐為表現。

（二）為什麼會胃食道逆流？

下食道括約肌是食物經由食道進入胃部的關卡，在正常情況下，只有在吞嚥食物後會接著鬆開，讓食物順利抵達胃。如果在其他的時候鬆開，反而是讓胃酸有機會從胃部逆流到食道，甚至和食物一起吐出來。研究指出，在吃完東西後 個小時去測量，兩歲以下的嬰幼兒還有超過一半的食物停留在胃裡，而兩歲以上的兒童則只剩不到三分之一了！因此兩歲以下的嬰幼兒比較容易有胃食道逆流，一旦有食物積在胃裡，只要一哭鬧或肚子稍微用力，就容易打開下食道括約肌，造成胃食道逆流，甚至嘔吐。

（二）如何改善胃食道逆流？

1. **餵母奶**：不僅胃排空比較快，也可以避免因為奶嘴孔不合而吸入過多空氣。
2. **拍打嗝**：餵奶時，每隔一陣子停下來拍打嗝，釋放胃部空氣。但如果沒打嗝，也不用硬拍，尤其是吃母奶且正確含乳的寶寶，可能真的沒什麼氣。
3. **少量多餐**：例如每4個小時喝160c.c.，可以改成每3個小時喝120c.c.。
4. **藥物治療**：經醫師評估，需要者可用藥物治療。

（三）什麼姿勢能改善胃食道逆流？

1. **直立**：預防胃食道逆流的最佳姿勢，要注意如果頸部還不穩，須給予適當的攙扶。
2. **趴著**：這是次佳的姿勢，但研究指出趴睡和嬰兒猝死症有關，因此要隨時有人在旁監視。另一個方法是讓寶寶趴在父母的胸膛上，父母可以直接感覺寶寶呼吸動作的起伏，就像是天然的生命監測器。
3. **左側躺**：可以避免逆流，但胃排空較慢。
4. **右側躺**：胃排空比左側躺快，但若剛吃飽就右側躺，則比左側躺容易逆流。此外，不管左側躺或右側躺，都可能不小心轉成趴著的姿勢，因此同樣要有人隨時可以監視。
5. **平躺**：平躺容易胃食道逆流。改善的方法是將整個床傾斜調高30度，而不是只墊高枕頭，並讓頭稍微側向一邊，可以避免吐奶後不小心又嗆到。

6. **坐著：**會壓迫腹部，反而容易胃食道逆流，是最常被誤用的姿勢。

（四）胃食道逆流要到多大才會好？

嬰兒的胃食道逆流在四個月大時最嚴重，之後慢慢變好。到一歲時有九成已改善了，很少會持續超過兩歲。雖然是正常生理現象，但若太頻繁或嚴重，也可能造成食道炎或反覆肺部感染。因此平常應注意餵食的技巧和嬰兒的姿勢，如果未能改善，則請醫師評估是否須使用藥物或進行手術治療。

營養重點報你知：

出生後要打維生素K！

餵母乳的媽媽需要補充哪些營養？

對於餵母乳的媽媽而言，出生後一樣是「一人吃，兩人補」，因為母乳的成分會隨媽媽的營養狀態而變，所以媽媽的營養對寶寶來說也很重要。在寶寶出生的前6個月，純母乳的媽媽每天要多攝取500大卡的熱量，維生素A、維生素B_1、維生素C、維生素E的攝取量為平常的1.5倍，蛋白質、維生素B_2、B_3、B_6、B_{12}的需要量也都上升，葉酸、維生素D、維生素K、鈣、磷則要注意是否缺乏。在接下來各時期的營養重點，會一一介紹這些營養成分的來源，這裡先介紹和早產有關的維生素E，還有寶寶一出生就會施打的維生素K。

脂溶性與水溶性維生素有什麼不同？

維生素可分成脂溶性和水溶性，脂溶性包括維生素A、D、E、K，水溶性則包括維生素B和C。脂溶性維生素溶於油脂，飲食要搭配脂類和蛋白質才能順利吸收。如果腸子對脂類吸收不良，也會連帶造成脂溶性維生素缺乏。水溶性維生素溶於水，在料理過程中容易流失，除了維生素B_{12}會儲存在肝臟之外，其餘也很容易被排出體外。

為什麼早產兒要補充維生素E？

胎兒在懷孕的第三期才開始大量儲存維生素E，因此如果早產兒的出生週數太小，常在出生一個月後就開始缺乏維生素E。因此早產兒可以用強化維生素E的配方奶，或使用母乳添加劑，來補充維生素E。

維生素E存在於種子、堅果、綠色葉菜、植物油、植物牛油等多種食物中，一般人很少會缺乏，除非是有肝膽疾病或其他可能影響腸道吸收的疾病。

維生素E可以抗氧化，避免產生自由基，防止細胞膜上的脂質過氧化，以維護細胞膜的完整性。如果缺乏維生素E，紅血球的細胞膜就容易破裂而造成溶血性貧血，還會出現水腫和血小板過高等症狀。

為什麼嬰兒一出生就要打維生素K？

維生素K是合成凝血因子的必要元素，如果缺乏會造成嚴重出血。因為胎兒在懷孕過程中累積的維生素K存量是不夠的，所以一出生後就會先注射1毫克的維生素K，以避免顱內出血或腸胃道出血，這些可能產生痙攣、神經後遺症、嚴重貧血甚至死亡的疾病。

維生素K可分成K_1和K_2，維生素K_1存在於芥藍菜、菠菜、番茄、肝臟、植物油中；維生素K_2存在於豬肉、羊肉、牛肉、肝臟、起士中，也可由腸道細菌製造。一歲過後，腸道細菌製造的維生素K_2已足夠應付身體所需，前提是要正常進食，且不能長期使用廣效性的抗生素。

若有長期腹瀉，或有肝膽疾病因而影響脂類吸收，則要注意是否須額外補充維生素K。

飲食進階一二三：

母乳、奶粉營養全掌握

世界衛生組織在推廣母乳上不遺餘力，同時也製作手冊來教導大家如何正確沖泡奶粉。同樣的，在這個單元會介紹幾種主要的嬰兒配方奶粉，但並非鼓勵大家使用，而是希望能讓大家對配方奶有正確的認識，萬一需要用時，才知道如何選擇適當的種類。

當有哺育母乳的禁忌時，可用嬰兒配方奶作為母乳的代用品。如果寶寶在前幾天的體重掉太多，甚至有脫水的現象時，也可以在母乳之外添加一些嬰兒配方奶，只要下定決心繼續母乳哺育，還是有機會回到純母乳。

常見的錯誤是，遇到寶寶腸胃的問題時，家長浪費太多時間在更換奶粉上，或者一直在泡濃或泡淡之間打轉，此時應該盡快尋求專業醫師的協助，才能及早發現原因並作適當處理。就算評估只是正常現象，也能減少無謂的擔心，否則在更換奶粉的過程中，一不小心就會造成便秘。

哪些情況不要餵母乳？

媽媽方面：

- 人類免疫不全病毒感染（後天免疫缺乏症候群）。
- 結核菌感染者要治療2週以上並且證實無傳染性，才可開始親餵母乳。
- 使用麥角胺（偏頭痛用藥）、斯達汀（降血脂藥）。
- 使用抗癌藥物或放射性同位素物質。
- 藥物濫用者，例如安非他命。
- 未經治療的布氏桿菌病。
- 第Ⅰ型或第Ⅱ型人類嗜T淋巴球病毒感染。

寶寶方面：

- 半乳糖血症。
- 苯酮尿症：如果可以監測血中苯丙胺酸的濃度，母乳可以和不含苯丙胺酸的特殊嬰兒配方奶交替使用。
- 其他代謝異常。

哪些情況哺育母乳時要特別小心？

- 媽媽如果得到流感，記得在接觸寶寶前要先用肥皂洗手，餵母乳時可以戴著口罩，不要在寶寶面前咳嗽或打噴嚏。必要時可以將母乳擠出，交由健康的家人瓶餵。

- 媽媽如果得到水痘、帶狀皰疹、或單純皰疹時，哺育母乳時要避開罹患的部位，如果是在分娩前五天或分娩後兩天內出現水痘，新生兒要注射純化的抗水痘病毒抗體以預防感染。
- 餵母乳期間最好都不要吸煙。
- 若有喝酒要間隔兩個小時以上才能餵母乳，且要限制酒精的攝取量，每天每公斤不超過0.5克，以60公斤來算，相當於兩罐啤酒。
- 媽媽如果是B或C型肝炎帶原者，仍然可以餵母乳。但要注意如果寶寶的嘴巴和媽媽的乳頭同時有傷口，則應避免餵受傷的那一邊。媽媽如果有B型肝炎，不管自費或公費，出生後最好都幫寶寶打B型肝炎免疫球蛋白，且一定要按時接種B型肝炎疫苗。
- 乳頭凹陷依照程度的不同，各有其方法可以克服，隆乳或縮胸手術對餵母乳的影響程度則因手術方式而異，以上都可以在生產前就先詢問專業人士意見，或在生產後尋求指導。乳房大小主要跟脂肪組織有關，並不影響母乳的多寡。

一般嬰兒配方奶粉

嬰兒配方奶粉大多以牛奶蛋白為基礎，只要經過衛生署「嬰兒配方奶粉標章」的認證，在成份上都大同小異，要注意的是沖泡過程的衛生。國內的研究指出，喝沖泡奶粉的嬰幼兒，感染沙門氏菌的風險是喝母乳的兩倍。我們都知道要消毒奶瓶和使用煮沸過的水，但別忘了奶粉本身也可能含有細菌，例如阪崎氏桿菌。奶粉平常要儲存在乾燥涼爽的環境，一旦開罐後，就算還沒到期，也要在一個月內食用完畢，而且記得要將蓋子蓋緊。

（二）如何正確沖泡配方奶？

沖泡配方奶的重點提醒（參考世界衛生組織資料）：

1. **看清標示**：不同奶粉提供的杓子大小並不一樣，每一瓢搭配的水量也不同，因此更換奶粉時要注意奶粉與水的比例，用專用的杓子，以免泡錯濃度。圖❶

2. **70℃沖泡**：用煮沸過後降溫至70℃的水來泡配方奶是最理想的，太高會破壞營養成份，太低則缺少殺菌效果，一般煮沸過後靜置超過30分鐘，水溫就會低於70℃而不適合使用。如果沒有辦法煮開水，須用安全無菌的水，且在泡完後立即食用。圖❷

3. **先加水，再加奶粉**：假設是每60c.c.的水配一瓢奶粉，則180c.c.的水加入三瓢奶粉後，沖泡的總量會超過180c.c.，並不是邊加奶粉邊加水，讓總量剛好到達180c.c.。兩者在濃度上會有差

注意比例❶

理想溫度❷

❸

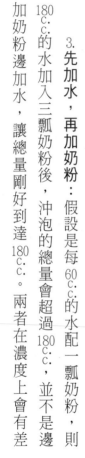

異。圖❸

4. **適度降溫**：泡好後可以靜置於冰水或用流動的水降溫，注意這些用來冷卻的水不要污染到奶水或寶寶吸吮的部位。簡單判斷奶水溫度是否適當的方法，是滴一點在手腕內側，感覺微溫而不燙，才可以讓寶寶喝，若兩小時內未食用則應丟棄。圖❹

少數情況下，必須預備沖泡好的配方奶，此時應在泡好後即刻降溫，放進5℃以下的冰箱冷藏，並於一天內使用。使用前泡在溫水中，稍微搖動奶瓶使之受熱均勻，在15分鐘內回溫，測試溫度方法同上，在兩小時內食用。千萬不可以用微波爐，因為微波爐的加熱不均勻，可能外冷內熱，一不小心就燙傷寶寶的嘴巴。

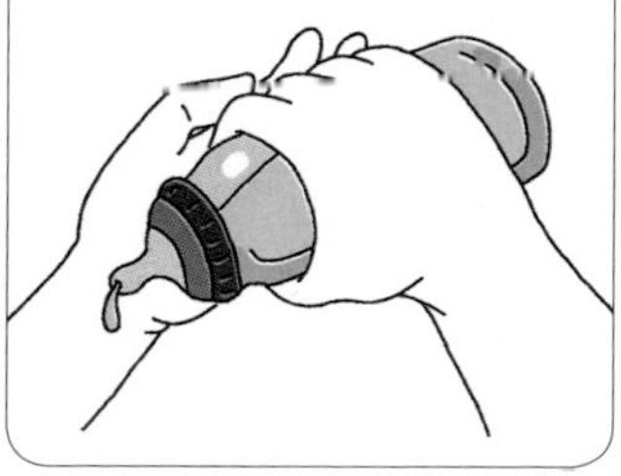
微溫不燙❹

（二）可以喝水補充水分嗎？

喝配方奶的寶寶，如果在天氣熱或發燒時，因為身體無形的水分流失增加，造成小便減少，又無法藉由提高奶量來增加寶寶的水分攝取時，可以適度喝一點煮沸過後冷卻的水，以不超過前次奶量的三分之一為宜。

（三）大一點就要換較大嬰兒配方奶粉嗎？

市面上有所謂的較大嬰兒配方奶粉，但不代表六個月大之後就一定要更換，因為一般嬰兒配方奶粉原本就是針對一歲之前所設計，所以可以在六個月到一歲之間繼續使用。從另一個角度來說，四個月大後最應該考慮的是添加副食品，換不換奶粉倒是其次的問題。

什麼時候該用水解蛋白嬰兒配方奶粉？

水解蛋白奶粉的特色是將蛋白質水解成很小的胜肽鏈，小到不容易形成抗原，因此較不會造成過敏。依照水解的程度可以分成完全水解和部份水解。如果寶寶原先使用以牛奶蛋白為基礎的配方，因為對牛奶蛋白過敏而有血便等症狀，應改用完全水解蛋白奶粉，若還是未能改善，還可以用將蛋白質分解到最細的胺基酸配方奶粉。

如果父母或哥哥姊姊有過敏疾病，要避免或延後寶寶發生異位性皮膚炎的話，在4~6個月大之前應使用母乳或水解蛋白奶粉，而非一般嬰兒配方奶粉。水解蛋白奶粉的缺點是口感不佳，臨床上遇到一些寶寶因此吃的較少，切記母乳仍是預防過敏的首選，在母乳不足時，才用水解蛋白奶粉代替。

什麼時候才要用無乳糖嬰兒配方奶粉？

無乳糖奶粉，顧名思義就是不含乳糖。雖然俗稱止瀉奶粉，但並沒有止瀉的作用，只是避免加重腹瀉而已，因此一般急性的腹瀉並不必換成無乳糖奶粉。少數嚴重的腹瀉，例如輪狀病毒感染，損害了腸道細胞上的乳糖酶，造成次發性乳糖不耐症，使得乳糖在進入腸道後無法被分解吸收，反而帶出更多水分而加重水瀉，此時可改成無乳糖配方，約兩週的時間讓腸道細胞漸漸恢復乳糖酶的作用。若經醫師評估確有需要，也可使用更長的時間。

什麼是豆精蛋白嬰兒配方奶粉？

以豆類的蛋白質為基礎，適用於素食主義者；同時也不含乳糖，適用於半乳糖血症、先天性乳糖酶缺乏、和次發性乳糖不耐症的寶寶。對牛奶蛋白過敏的寶寶，有時也同時會對豆精蛋白過敏，因此應使用完全水解蛋白配方較為安全。除此之外，其他宣稱的療效都未經證實。要注意的是，豆精蛋白奶粉中的鈣和磷，人體的可利用率較低，且可能含有植物動情激素，因此最好經醫師指示，有必要時才使用。

脹氣要換酸化嬰兒配方奶粉？

幾乎每個寶寶都被說過有脹氣，首先要區別的是正常生理現象或疾病所造成。嬰幼兒的腹肌不像大人那麼有力，進食之後肚子很自然地脹起來，如果摸起來像麻糬一樣柔軟，像氣球一樣有彈性，下一餐照樣吃得下，大多無礙；如果越吃越少、不斷嘔吐、肚子變硬、或脹到肚皮光亮無皺摺，任何一種情況都要趕快就醫。

以前製造嬰兒配方奶粉的技術較不成熟，酪蛋白遇到胃酸會凝結成奶塊，既不好吸收又在胃部停留較久，讓嬰兒的脹氣更嚴重，因此有人想到加入乳酸來幫助消化，即為早期的酸化奶，演變至今則大多改成加檸檬酸，並減少乳糖。現在的嬰兒配方奶粉越來越趨近母乳，比較不會產生又大又硬的奶塊，酸化奶還能改善脹氣嗎？不管在醫學上或根據家長使用的經驗，都莫衷一是。如果確定脹氣不是疾病造成的，在符合嬰兒配方奶粉規範的前提下，用酸化奶來取代一般嬰兒配方並無不妥，但如果只是為了脹氣就用酸化奶代替母乳，可就得不償失了！

PART 2

腸胃與副食品的第一次親密接觸：

離乳飲食的適應期

5-6個月

在這個階段寶寶開始有生理性的厭奶，是很正常的現象，反而應注意是否可以開始吃副食品了，透過副食品提供寶寶在這成長階段裡最需要的營養素！

觀念入門全照護：

添加副食品的關鍵Q&A

門診中遇到四到六個月大的寶寶時，常聽到父母苦惱說：「以前餵都可以餵到180c.c.，現在只喝120c.c.就不喝了！」任憑父母怎麼努力，寶寶的奶量卻還是不增反減，頗令長輩擔心。其實若能排除喉嚨發炎、鵝口瘡、口腔潰瘍等病理性厭奶的因素，在這個階段寶寶開始有生理性的厭奶，是很正常的現象，不必執著於恢復原來的奶量，反而應注意是否可以開始吃副食品了，用副食品來補上奶量減少的缺口，寶寶一樣能健康成長！

添加副食品的三大原則

關於「什麼時候開始吃副食品？」，長久以來一直有不同的看法。在歸納主流的觀點之後，簡單列出三大原則，可以依此為寶寶選擇最恰當的時機。

- 滿四個月大之前不能添加。
- 滿六個月大後一定要開始。

● 滿四個月大到滿六個月大之間，若尚未開始吃副食品，須視情況補充維生素D和鐵劑。

（一）為什麼滿四個月大之前不能吃副食品？

滿四個月大之前，寶寶的消化酵素還未臻成熟，不容易消化半固體或固體的食物，國內就曾有過案例，因為太早餵食馬鈴薯泥，造成寶寶的腸胃結石甚至腸阻塞。此時寶寶的腸胃障壁也尚未密合，大分子的過敏原容易趁機溜進人體，引發嚴重的過敏反應。

另一方面，寶寶在滿四個月大之前，當異物進入口腔時，舌頭會有往上及往外頂的反射動作，稱為「挺舌反射」，可以預防噎到固體食物，但卻不利於餵食半固體及固體的副食品，這個反射要等到四到六個月大之間才會慢慢消失。

（二）滿六個月大後還沒開始吃副食品，會有什麼壞處？

太晚吃副食品，首當其衝的問題是熱量不足，其次是維生素和礦物質的缺乏，例如鐵、鋅、維他命D。錯過了學吃副食品的黃金時期，寶寶已經長期習慣只要喝奶就好，因此越晚開始，父母反而要花越多的時間和耐心，寶寶才願意吃副食品。這段期間若未能經由吃副食品來訓練上下顎的肌肉，也有礙於未來說話動作的發展。

（三）四到六個月大之間，需要補充維生素D或鐵劑嗎？

高緯度的地區因為日照不足，寶寶的皮膚無法接收足夠的紫外線以生成維生素

D，常建議在嬰兒出生後幾天，就開始補充維生素D，劑量為每天400國際單位。

台灣位在北回歸線上，日照較充足，四個月大之前不易缺乏維生素D。在滿四個月大之後，如果還沒開始吃副食品，且配方奶每天不到一千毫升，包括純母乳哺育者，皆建議補充維生素D。要特別注意的是，雖然嬰兒配方奶粉相較於母乳，已針對維生素D作強化，但也要每天一千毫升才能達到建議攝取量。

滿四個月大時，體重約為出生時的兩倍，體內的鐵質存量開始不敷使用，純母乳的寶寶如果還沒開始吃副食品，建議由醫生指示是否需要額外補充鐵劑。

如何掌握開始餵寶寶吃副食品的契機？

滿四個月大之後，可以吃副食品的基本條件為頸部能直立，身體可在輔助之下斜躺或坐著，還有以下動作也是能否順利餵食的關鍵：

- 看到食物會張嘴並把舌頭壓低。圖❶、❷
- 挺舌反射消失。
- 湯匙離開嘴巴時，能閉上嘴唇含住食物。圖❸

寶寶主動想吃食物的訊號，包括看到食物時，身體會向前傾，張開嘴巴或流口水。如果不喜歡這個食物或已經吃飽了，則會把嘴巴閉起來、推開食物、轉過身或向後仰。如果只是皺眉頭，或者輕輕搖頭露出

嫌惡表情，並不代表寶寶不喜歡這項食物，可能只是不習慣新食物的氣味，可以再多嘗試幾次看看，有可能要8到10次寶寶才會接受。

（一）寶寶能接受新的副食品嗎？

新增的副食品，都要先從少量開始嘗試，並至少觀察4～7天。若寶寶對副食品有不良反應，例如紅疹、嘔吐、腹瀉、血便等，則先暫停兩個月不要吃該樣副食品，反應嚴重者等一歲以後再嘗試。如果沒有不良反應的話，可以逐漸加量。

（二）喝配方奶的寶寶，還要等到六個月大才開始吃副食品嗎？

關於什麼時候開始吃副食品，一直存在四個月大或六個月大之爭。但其實只有純母乳的寶寶會有這種爭議，因為純母乳的好處多，所以有些人會希望在四個月大之後，再多維持兩個月的純母乳，才開始吃副食品。如果寶寶一直都有喝配方奶，早已不是純母乳，那麼在四個月大之後，只要具備吃副食品的條件就可以開始啦！

小心腸胃炎、腸胃型感冒

母乳被污染的機會很少，在開始吃副食品以後，最先遇到的就是食品衛生的問題。副食品的食材要新鮮，器皿要乾淨，否則細菌或病毒就會有機可乘，造成急性腸胃炎喔！還有食物的選擇也很重要，例如蜂蜜雖然是夏日消暑的良伴，然而潛藏其中的肉毒桿菌芽孢，對一歲以下嬰兒有致命的威脅，是一歲之前絕對不能碰的食物。

急性腸胃炎

（一）為什麼本來只有吐，吃了藥卻拉肚子？

其實腸胃炎本來就常常是先吐後拉，是自然的病程，並不是因為吃了藥才拉肚子。依照個人體質不同和病原體之間的差異，也有人只有吐或只有拉肚子。吐和噁心通常在第一天最嚴重，接下來腹瀉的形式和持續時間則和病原體有關，腹瀉量的多寡也受到生病期間飲食的影響。

（二）細菌性腸胃炎的共同特色是什麼？

細菌性腸胃炎多半好發於炎熱的夏季，包括沙門氏菌、志賀氏桿菌、腸道出血性大腸桿菌，也包括了冬天比夏天好發的曲狀桿菌。共同的症狀有發燒、腹瀉、嘔吐，還有在病毒性腸胃炎比較少見的血便及黏液便，就像細菌在腸黏膜上狠狠地咬一口一樣。就醫時可攜帶裝著腹瀉物的尿布，或用數位相機事先拍攝，讓醫師可以直接觀察腹瀉的形式和量，但切記！勿將尿布放在醫師桌上而污染桌面，事後並記得洗手，以免傳染給別人。

（三）為什麼嬰幼兒容易得到沙門氏菌感染？

沙門氏菌是台灣最常引起腸胃炎的細菌，存在於雞蛋、雞肉、牛奶、豆芽等食物中，成人要超過百萬甚至上億隻細菌才會生病，因為大多數沙門氏菌在到達腸道之前就已經被胃酸殺死了。但嬰幼兒可就沒那麼幸運，因為胃酸較弱，較少的細菌就會造成感染。它的特色是容易造成菌血症，約有5％的病人會發生，若有後續的敗血症、腦膜炎、或骨髓炎就更棘手了。抗生素通常使用在三個月以下嬰兒、高燒超過三天、發炎指數過高、或是懷疑有腸道外併發症的病人。其餘輕症病人，用抗生素反而會拖長病程。

（四）為什麼桿菌性痢疾會爆發集體感染？

志賀氏桿菌的感染力很強，只要10隻細菌就可引起桿菌性痢疾，常經由帶菌者的糞便傳播，例如污染地下水源後爆發集體感染。它的特點是容易伴隨神經學的症狀，例如痙攣、嗜睡、頭痛、幻覺。若有感染即應使用抗生素，有助改善病情，也避免繼續散播細菌。

（五）為什麼腸道出血性大腸桿菌會引起恐慌？

一般的大腸桿菌屬於腸道的正常菌落，但是腸道出血性的大腸桿菌卻可能致命，還好上次出現在台灣已經是二〇〇一年的事，當時一名6歲兒童感染了O157型並導致溶血性尿毒症候群。二〇一一年在德國曾爆發O104型的大流行，在四千多例感染者當中，至少造成50例死亡，引起一陣恐慌，最後追查發現生豆芽是感染的來源。

（六）為什麼曲狀桿菌不易診斷？

曲狀桿菌善於偽裝，不僅像病毒一樣會造成頭痛和肌肉痠痛，糊便或水瀉也比血便或黏液便常見，在台灣連好發時間都和病毒一樣是冬天多過夏天。在大便恢復正常以後，有時還會持續有肚臍周圍的絞痛，甚至痛到讓醫師必須排除是否為腸套疊或闌尾炎所引起。

（七）諾羅病毒和輪狀病毒有什麼不同？

病毒性腸胃炎中，輪狀病毒最赫赫有名，常造成嬰幼兒嚴重腹瀉和脫水。但是諾羅病毒也不容小覷，它的潛伏期短，侵犯對象不分老幼，常讓全家無一倖免，影響層面甚至比輪狀病毒更廣。簡單比較兩者異同：

	輪狀病毒	諾羅病毒
好發季節	冬天。	冬天。
好發年齡	3個月大到3歲之間最嚴重，大多在5歲之前被感染。	各年齡層皆可。
症狀	前兩天發燒和吐，接著頻繁水瀉，水瀉可長達一個禮拜。	強烈嘔吐及腹瀉，前後1~3天。
潛伏期	48小時。	12小時。
成人	大部分無症狀。	可爆發大流行。
疫苗	有。	無。

寶寶在3個月大前有來自媽媽抗體的保護，因此少見嚴重輪狀病毒感染。諾羅病毒傳染力很強，只要10個病原體就足以造成感染，常在學校、安養院、軍營爆發大規模流行。輪狀病毒目前已有兩種口服疫苗可使用，諾羅病毒則因抗原微變，每2到4年就會出現新品種，目前還沒有疫苗可預防。其他會造成腸胃炎的病毒，還有星狀病毒和腸道型腺病毒第40和41型等等。

（八）什麼是「腸胃型感冒」？

腸胃型感冒並不是正式的醫學名稱，但因簡單易懂而沿用至今。有兩種情況會用到「腸胃型感冒」這名詞：

- **病毒性腸胃炎**：腸胃型「感冒」指的是病毒性腸胃炎像感冒一樣會傳染。

- **感冒合併吐或拉肚子時：**「腸胃」型感冒指的是感冒也可以出現腸胃道症狀。家屬常常在「到底是感冒還是腸胃炎？」中打轉，疑問著「腸胃炎為什麼會傳染？」或是「為什麼感冒會拉肚子？」此時，不管醫生怎麼解釋都很難改變既有的觀念，但是只要一聽到「腸胃型感冒」，家屬就茅塞頓開了！

知道了腸胃型感冒的來龍去脈後，下次醫生告訴你是「感冒」或「病毒性腸胃炎」時，就不必再回過頭問是不是「腸胃型感冒」了，後者是醫生便於溝通的用語，而前兩個名稱才是專業的診斷喔！

（九）腸胃炎要喝運動飲料嗎？

腸胃炎在治療上最先要注意的是脫水的嚴重度，再來才是區分病毒或細菌引起的，以及在細菌性腸胃炎是否要使用抗生素。「腸胃炎要喝運動飲料補充水分」一直是長久以來似是而非的觀念，如果脫水不嚴重，倒也沒什麼大礙，但若真的要矯正脫水，其實是緣木求魚。

（十）如何判斷脫水的嚴重度？如何處理？

脫水的程度可以藉由下列觀察來作區別：

- **輕度脫水：**沒有明顯的症狀，尿量可能減少或維持正常。
- **輕到中度脫水：**嘴唇乾燥，極度口渴想喝水。尿量減少，呼吸和心跳可能稍快。
- **重度脫水：**精神很差，極少排尿，哭不出眼淚，沒力氣喝水，四肢冰冷發紫。心跳先是變快，但如果脫水更嚴重時，心跳反而會變慢而且變得無力。

如果是輕到中度脫水，建議給予口服電解質液補充水分，一開始按照體重每公斤給予50~100c.c.，分成少量多次在4小時內餵完。另可在每次吐或拉之後，按照體重每公斤再給予5~10c.c.的口服電解質液（10公斤以下約60~120c.c.；10公斤以上約120~240c.c.），以補充額外的流失。給予時要有耐心慢慢一口一口餵，否則寶寶可能因為口渴而喝得急切，喝到最後又吐出來的話就白費了。如果已經到達嚴重脫水，體重掉了9%以上，則須盡快就醫，抽血檢查電解質是否失衡，並選擇適當點滴注射以矯正脫水及電解質。

（十一）口服電解質液和運動飲料有什麼不同？要再稀釋嗎？

口服電解質液的電解質和醣類濃度是針對腹瀉所設計的，是腹瀉時最適合腸道吸收的黃金比例，應直接服用原液，再稀釋只會讓效果大打折扣。運動飲料的電解質濃度不到口服電解質液的一半，醣類濃度又是兩倍以上，僅適合運動流汗時的補充，並不適合用在腹瀉，若將運動飲料稀釋，則更無法補充電解質，因此運動飲料不管稀不稀釋都不是此時最佳的選擇。

（十二）如何預防腸胃炎？

- **注意飲水衛生**：不要生飲山泉水或地下水，旅行時可攜帶瓶裝水或用水壺裝煮沸過的水。
- **勤用肥皂洗手**：拿食物之前應先洗手，避免食物沾到手上的細菌或病毒。
- **食物徹底煮熟**：烤肉要注意食物是否有烤熟，海鮮類食物可能殘留腸炎弧菌或致死率高的海洋弧菌（又稱創傷弧菌），要特別留意有沒有煮熟。

● **生熟食要分開**：生熟食應各自使用不同刀具和砧板，避免熟食再被生食殘留的細菌所污染。

● **煮熟盡早吃完**：細菌在室溫中滋生很快，20到30分鐘可分裂一次，一隻細菌在理想狀態下，經過5個小時就可變成3萬2千隻細菌，再過5個小時就會變成10億的天文數字了。

● **益生菌作先鋒**：益生菌已被證實可以縮短急性腸胃炎的腹瀉期間和減少腹瀉次數。到外地旅行時，也可事先服用益生菌作預防。

● **嬰兒哺育母奶**：母奶少掉水源、奶瓶、奶嘴可能帶來的汙染，多了可對抗志賀氏桿菌等病原體的因子，而且有助於益生菌的生長。

● **照護者要當心**：病患的腹瀉或嘔吐物，都可能含有大量病原體，處理過後一定要徹底洗手，避免傳染給自己或其他健康的家人。

為什麼一歲前不能吃蜂蜜？

夏天天氣熱，偶爾有人突發奇想讓嬰兒喝蜂蜜水來退火，殊不知蜂蜜可能含有肉毒桿菌的芽孢，幾乎每年都因此造成中毒事件，因此一歲前千萬不能吃蜂蜜！

和飲食有關的肉毒桿菌中毒可分成兩型：

(1)**芽孢感染型**：

因為吃進含有肉毒桿菌芽孢的食物所引起，芽孢進入人體後開始萌發及繁殖，最後在大腸產生肉毒桿菌毒素。芽孢相當耐熱，可忍受沸騰高溫數小時，對嬰兒威脅最大，有九成以上案例發生在6個月大之前。

(2)**食物污染型：**

因為保存或烹調不當，直接食入含有肉毒桿菌毒素的食物所引起，也可合併噁心、嘔吐、或腹瀉等腸胃炎症狀。罐頭食品、馬鈴薯沙拉、或自製醃漬食物都可能含有毒素。預防的方法是將食物確實加熱至85℃以上5分鐘，可以破壞肉毒桿菌毒素。如果罐頭生鏽、蓋子膨脹、或有異味，則切勿食用。

上述兩型最終致病的原因，都是透過血液運行的肉毒桿菌毒素，毒素會阻礙神經肌肉之間的傳導，表現在嬰兒的症狀為：

- **力不從心：**吸吮無力、眼皮下垂、哭聲微弱、四肢無力、無法排便。圖❶
- **吞嚥困難：**連自己分泌的口水也吞不下，因而一直流口水。圖❷
- **不能呼吸：**是最危及生命的症狀，原因包括呼吸肌肉麻痺、呼吸道肌肉的塌陷、分泌物阻塞氣管等。圖❸

如有上述症狀，應在情況尚未惡化前盡速就醫，並提供醫師相關飲食的資訊，以利及早診斷。

❶

❷

❸

營養重點報你知：

腸胃吸收好，骨骼就強健

這個時期最需要補充的是維生素D與鐵質。維生素D與骨骼的發育有關，鐵質則和血紅素有關。水果和蔬菜也可在這個時期開始嘗試，以補充維生素C。

骨骼強健三要素：維生素D、鈣質、磷

（一）為什麼維生素D又稱陽光維生素？

胎兒可以經由胎盤得到維他命D，但出生後只足夠使用兩個月。人體的表皮細胞可以吸收陽光中的紫外線，並將體內的去氫膽固醇轉化成維生素D，因此維生素D又稱為「陽光維生素」，也是唯一人體可以自行合成的維生素。在台灣如果有適當的日照，寶寶自己產生的維生素D可以用到四個月大之前都不虞匱乏。但在滿四個月大後，就必須額外從食物中來補充了。

在這個階段補充維生素D，可以先從米精、麥精、蛋黃泥開始，接著再從其他穀物、麵包、鮪魚、鮭魚中攝取，鮮奶要等到一歲以後才適合喝，最富含維生素D的則是魚肝油。維生素D在經過肝臟及腎臟酵素的轉化程序後，始具有活性，讓小腸能更有效率地吸收鈣質。缺乏維生素D除了造成佝僂症之外，也會產生低血鈣、喉頭痙

攣、肌肉無力等症狀，並且容易感染肺炎。

（二）如何補充鈣質？

乳製品包括母乳和配方奶，都是鈣質良好的來源。穀物和綠色葉菜含有磷酸鹽、草酸鹽、含磷植酸，則會妨礙鈣質的吸收。如果太早「斷奶」，而且又沒有其他乳製品銜接上來，就要小心是否缺鈣。為了確保鈣質攝取，最好的方法是持續哺餵母乳到一歲以上，並維持每天食用乳製品，包括鮮奶、優酪乳等的習慣。

人體有99％的鈣質都在骨頭裡，佔了骨基質的38％，是骨頭的重要成份。因此在剛開始缺乏鈣質時，血液中的鈣離子濃度並不會馬上降低，要藉由其他數值，例如鹼性磷酸酶、副甲狀腺素、和活性維生素D濃度是否偏高，才能早期診斷是否缺鈣。

（三）磷太少或太多會有什麼症狀？

磷和鈣都是骨頭的重要成分，只要缺少其中一種就會造成佝僂症，磷的化合物磷脂也是細胞膜的主要成份。磷有助於體內的酸鹼平衡和能量轉換，缺乏磷會造成肌肉無力、生長緩慢、手腳感覺異常等。磷存在於多種食物之中，一般人除非長期禁食，否則很少會缺磷。腸道吸收不良、先天遺傳疾病、或是長期服用會妨礙磷吸收的含鋁制酸劑，也都有可能造成磷的缺乏。相較之下，目前比較常發生的問題反而是攝取了過多的磷，因為蘇打飲料或食品添加物中都含有磷，吃太多會降低食物中鈣的吸收，造成骨質疏鬆，並降低血中的鈣離子濃度。

（四）什麼是佝僂症？

骨頭的結構，由兩端至中間，依序為骨骺、生長板（生長階段才有）、幹骺端、骨幹。在正常的情況下，生長板的造骨細胞會分泌類骨質，類骨質經過礦化作用後，變成骨幹的延伸。佝僂症則是在礦化作用上出了問題，生長板只是盲目地加寬及增厚，無法順利延長。外觀上，手腕和腳踝處的骨頭會變粗，骨幹也容易彎曲變形。其他的表現還有生長遲緩、頭蓋骨軟化、串珠樣肋骨、吸氣時下方肋骨會凹陷等。

在高緯度國家，缺乏維生素D是造成佝僂症的主要原因，好發於四個月大之後。在非洲國家，則主要是因為鈣質的攝取不足，通常在少於每天200毫克時會發生，好發在一到兩歲之間。下列情況要特別小心佝僂症：純素食、用豆奶或米漿取代乳製品、服用抗癲癇藥物、膚色較深、或很少曬到太陽者。

白白胖胖，小心缺鐵！

鐵是血紅素、細胞色素、肌球蛋白和體內酵素的重要原料。鐵質缺乏可能造成貧血、注意力不集中、學習障礙等。很多人喜歡白白胖胖的寶寶，但醫師看到反而會特別小心，因為「白」可能是貧血的膚色，「胖」代表身體容積增加太快，若無適當補充鐵質，體內儲存的鐵質更容易相對缺乏。

（一）母乳的鐵含量不足嗎？

母乳中鐵的含量雖然較低，但非常容易吸收，足夠出生後4到6個月的需求，接著就要從其他來源補充，包括肉類食品和強化鐵含量的米精。

（二）蘋果適合用來補充鐵質嗎？

蘋果切開後，接觸空氣一段時間會變成褐色。因為和鐵生鏽的顏色很像，很容易讓人誤認為蘋果富含鐵質。其實蘋果的褐變是因為含有酚類化合物和多酚氧化酵素，遇到外界的氧氣會形成鄰苯醌，再自行聚合，或與胺基酸、蛋白質結合成褐色產物，和鐵生鏽無關。雖然蘋果也有鐵質，但要一百顆蘋果才能達到每日建議攝取量，所以不是鐵質的最佳來源。

確保維生素C攝取的方式

母乳提供的維生素C足夠寶寶一歲前的需要，牛奶或羊奶的維生素C則熬不過高溫滅菌或巴斯德消毒法的破壞。水果是維生素C的最佳來源，例如柑橘類的柳丁和橘子、莓果類的草莓和蔓越莓、瓜類的西瓜和哈密瓜。綠色葉菜類、青椒、番茄、綠色花椰菜也都有維生素C，青椒在成熟後還多了茄紅素，可以有紅、黃、橙、褐多種不同顏色可以作視覺上的搭配。因為維生素C很容易被破壞，所以食材要新鮮，也不要過度蒸煮或加工。

缺乏維生素C會造成壞血症，症狀包括容易瘀青、流鼻血、牙齦出血、缺乏食慾、肌肉無力、關節痛、骨膜下出血、傷口癒合慢、毛囊周圍出血點等。在感染、腹瀉、或暴露於二手菸的環境時，人體會需要更多的維生素C。

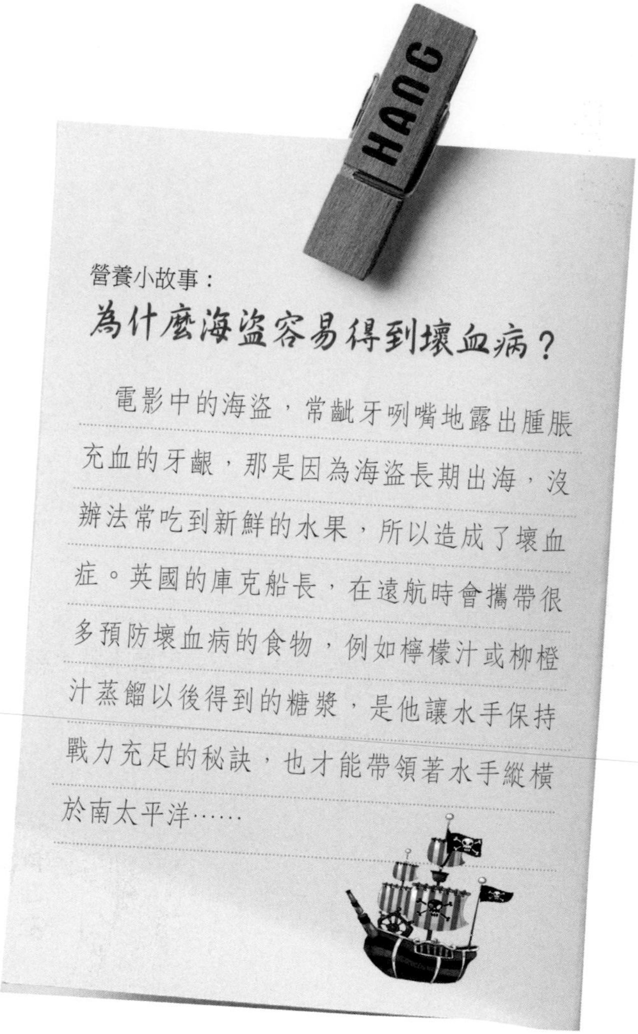
營養小故事：

為什麼海盜容易得到壞血病？

電影中的海盜，常齜牙咧嘴地露出腫脹充血的牙齦，那是因為海盜長期出海，沒辦法常吃到新鮮的水果，所以造成了壞血症。英國的庫克船長，在遠航時會攜帶很多預防壞血病的食物，例如檸檬汁或柳橙汁蒸餾以後得到的糖漿，是他讓水手保持戰力充足的秘訣，也才能帶領著水手縱橫於南太平洋……

PART 3

先吃蛋黃、再吃蛋白，飲食順序很重要：

避免過敏的擴展期 7-9個月

寶寶在四個月大之前不能吃副食品，是因為腸胃障壁尚未完整，較大的過敏原容易進入人體！副食品的添加順序主要還是考量營養的需求，先吃米精、果泥、蔬菜泥、蛋黃泥、肉泥、肝泥等，這些食物原本就比較不會過敏。

觀念入門全照護：

注意容易過敏的副食品

「容易過敏的食物什麼時候才能吃？」一直是這時期大家討論的重點。網路上可以搜尋到兩派截然不同的說法，原因是在二〇〇八年前後，整個觀念有了大轉折，舊的網站內容並沒有隨之更新。

過敏的高危險群，一般定義為父母或兄弟姊妹有過敏疾病者，以前認為這些寶寶應該晚一點再接觸容易過敏的食物，例如兩歲以後才能吃全蛋，三歲以後才能吃花生，但是新的觀念則顛覆了這種想當然耳的觀念。接下來先將過敏做簡單的分類及介紹，再來探討副食品添加與預防過敏的關係。

如何預防異位性疾病？

除了媽媽自己會過敏的食物應該避免以外，在懷孕或哺乳期間，不吃其他容易過敏的食物，並未被證實能有效預防寶寶的異位性疾病。可以確定的是，如果在懷孕期間喝酒或使用抑制胃酸藥物，寶寶生下來較容易得到異位性皮膚炎。異位性疾病的表現包括：異位性皮膚炎、過敏性鼻炎、氣喘。其中較易在嬰兒時期表現的是異位性皮膚炎。

高危險群的寶寶，如果在四個月大之前完全哺育母乳或使用水解蛋白奶粉，可以預防異位性皮膚炎、牛奶過敏、和兒童早期的哮喘。但是在四個月大之後，延後添加容易造成過敏的副食品，並不能預防異位性疾病，一篇二〇〇四年的研究更指出，八個月大以後才吃全蛋的寶寶，一直到五歲之前曾得過濕疹的比例為39.3％，反而比八個月大之前就吃全蛋的30.5％，還要高出將近三分之一。

容易過敏的食物應該延到一歲以後再吃？

食物過敏其實也是異位性疾病的一種，但在這個時候拿出來個別看待，比較不易混淆。容易過敏的食物有魚、蝦、蟹、蛋白、花生等，皮膚可能因此產生輕微的紅疹或嚴重的蕁麻疹。

寶寶在四個月大之前不能吃副食品，是因為腸胃障壁尚未完整，較大的過敏原可以輕易地進入人體。曾遇過一名再一個禮拜就滿四個月的嬰兒，家屬提早讓他吃蛋白，結果吃完全身長滿紅疹，家屬後悔莫及。

四個月大開始吃副食品後，是否該將容易過敏的食物再延至一歲以後呢？一項針對4～18歲猶太裔兒童對花生過敏的調查，發現住以色列的猶太兒童在一歲之前就吃過花生，長大後對花生過敏的比率為0.17％；住英國的猶太兒童則依照過去「預防過敏」的建議在一歲之前不吃花生，長大後對花生過敏的比率為1.85％，反而越晚吃越高。

會有這樣出乎意料的結果，是因為寶寶在四個月大後吃這些食物，雖然有可能造成一時的過敏，但也可能從此不把該過敏原當作敵人，不再引發過敏反應。打個比方，小寶寶和大小孩一起看卡通，看到一半大人突然將國語切換成英語，小寶寶大概會若無其事地繼續看下去，但大小孩可能就吵著要切換回國語才習慣了。

另一個可能的原因是除了吃以外，身體還有其他接觸過敏原的途徑。例如花生的過敏原可以殘留在成人的唾液或手上，再接觸到嬰兒皮膚後，也可能逐漸產生敏感，雖然長大後才吃花生，還是可能一下子就引起過敏。蛋、牛奶、和魚的情況也類似，它們的抗原也曾在家中的灰塵上被偵測到。

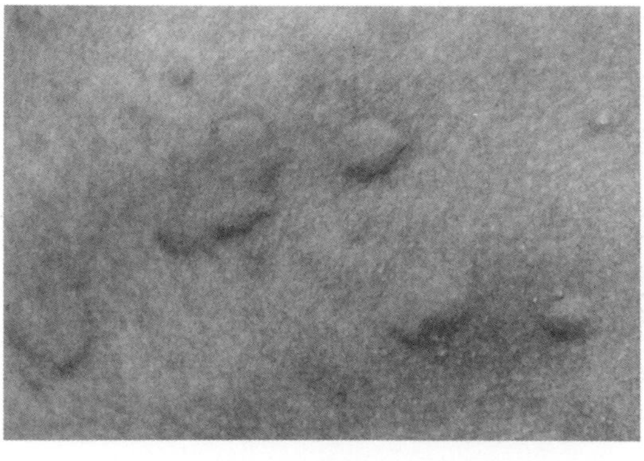
蕁麻疹

以前吃魚都不會過敏，這次為什麼會？

門診常有蕁痲疹的患者或家屬說，以前吃同一種魚都不會過敏，為什麼這一次會呢？其實關鍵很可能在魚的保存過程，因為魚肉中有組氨酸，在魚死了之後，細菌產生的酵素會把組氨酸轉變成組織胺，即使細菌被殺死了，這些酵素還是會繼續作用。因此捕魚後如果沒有及時料理或冷凍，就可能產生大量的組織胺，而這些組織胺並不會在烹飪過程中消失，到人體後可以直接引發蕁痲疹等過敏反應。

容易過敏的副食品，應在什麼時候添加？

整體而言，副食品的添加順序主要還是考量營養的需求，先吃米精、果泥、蔬菜泥、蛋黃泥、肉泥、肝泥等，這些食物原本就比較不會過敏。至於魚、蝦、蟹、蛋白、花生等容易過敏的食物，並不是一開始就需要補充的營養素，所以不必太早添加，但也不用刻意延到一歲以後，同時要依照添加副食品的原則，先從少量開始嘗試，確定沒有過敏再逐漸加量。如果對該食物過敏，輕微的話可以隔兩個月後再試試看，嚴重的話則應間隔更久或甚至完全避免。至於海鮮類的食物，不管在什麼時候吃，都應該越新鮮越好，以避免其中的組織胺引發過敏反應。

什麼是過敏性休克？

過敏性休克是一種快速發作且可能致命的嚴重過敏反應。除了蕁痲疹、血管性水腫、腹絞痛這些症狀之外，還有喉頭水腫、支氣管痙攣、低血壓、心肌缺血、心律不整等等致命的危險。過敏原來自食物、藥物、蜂螫等，台灣曾有一男童因為吃下鬆餅粉裡的塵蟎而產生過敏性休克。

如果已知某種過敏原會引起過敏性休克，往後要特別注意包裝上食物內容物的標示，也要了解哪些食物可能被它污染，才能完全避開它。除此之外，合併食物過敏和氣喘的患者，或者對花生堅果類過敏的人，也都要會及早辨別過敏性休克的症狀，最好隨身攜帶注射型腎上腺素，萬一發作，可在到醫院前進行初步急救。

另一個和過敏性休克有關的議題是流感疫苗，由於是由雞胚所製成，因此對雞蛋嚴重過敏者不適合接種。如果不知道對蛋會不會過敏，建議施打後在醫療院所觀察30分鐘，確定無異狀後再離開。

醫療保健照過來：

腸套疊、異物哽住急救法

無論如何，請記得腸套疊！

（一）腸套疊有什麼症狀？該如何診斷？

腸套疊好發於三個月大到六歲之間，是爸媽必須牢記在心裡的疾病。典型的症狀是沒來由地間歇性哭鬧，哭的時候歇斯底里，不哭的時候又像完全沒事一樣。要注意如果寶寶停止哭鬧，但變得嗜睡，可能是虛弱的一種警訊，並不代表已經緩解。

最常見的部位是遠端的小腸像單筒望遠鏡一樣塞進了近端的大腸，佔了八成以上，其次是大腸自己套進大腸裡。套住後不僅造成腸道的阻塞，也阻礙了血液回流，進而腫脹出血，嚴重者導致腸道壞死、腸穿孔、腹膜炎，甚至危及生命。

傳統的教科書告訴我們可以摸到腹部腫塊和看到挾帶著血液和黏液的草莓果醬便，但是兩者和腹痛同時出現的機率不到15%。腹脹和帶膽汁的嘔吐，也是較晚期的症狀。因此若要能在早期就作出診斷，必須靠父母的敏銳觀察和醫師的臨床經驗，並藉助超音波作進一步確認。

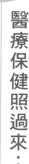

（二）為什麼會腸套疊？

大多數找不到原因，被證實的誘發因素包括先前的腺病毒感染和局部的導火線，例如腸道的憩室或息肉，血管瘤或淋巴瘤等等，年紀越大的才越可能找到這些原因。

（三）如何治療腸套疊？

只有少數的腸套疊會自動復位，傳統的治療是用鋇劑進行下消化道攝影，若證實為單純的腸套疊，再用鋇劑施加適當壓力嘗試灌通及復位，若失敗或有破裂的危險，則須進行手術。也有人發展其他方法，例如用空氣、生理食鹽水、或水溶性顯影劑來取代鋇劑，或者用超音波取代X光透視，不管如何，以該醫院最熟悉的方式為佳。復位後有5~8%的人會復發，因此若再有腹痛，也要將腸套疊復發列為優先可能的診斷。

異物哽住的急救原則與步驟

五歲以下的兒童特別容易吃東西不小心嗆到，進而阻塞呼吸道，尤其是花生、堅果、葡萄、果凍、糖果這類食物。邊吃東西邊跑邊玩，也是危險的舉動。如果嬰幼兒突然出現呼吸雜音甚至窒息，就要考量是否有異物阻塞呼吸道的可能。

意識清醒且只有呼吸道部分阻塞的小孩，可以嘗試讓他自己咳出來，但若越咳越沒力、喘鳴聲增大、呼吸窘迫、或意識不清，則必須盡快依以下順序處理，並同時尋求專業醫療人員的協助。

拍背壓胸法	人工呼吸	目視取出	呼吸暢通	**1歲以下**
4-1、4-2 ←	3 ←	2 ←	1	步驟

哈姆立克法	人工呼吸	目視取出	呼吸暢通	**1歲以上**
5-1、5-2 ←	3 ←	2 ←	1	步驟

※限實際發生時使用，若在正常人身上可能造成無謂的傷害。

步驟1. **呼吸暢通**：壓額抬顎法。

在沒有頸椎傷害的前提下，讓病人平躺在地上，一手將額頭下壓讓脖子後仰，另一手將下巴往上提。如果懷疑可能有頸椎傷害，則只要將下巴往上提就好。

步驟2. **目視取出**：在目視下取出異物。

如果看得到異物，即用手指清除或用抽吸方式將異物取出。如果看不到，不建議用手指挖取或盲目地進行抽吸。若病人失去意識，則進行下一步。

步驟3. **人工呼吸**：嘴對口鼻或嘴對嘴吹氣。

較小的嬰兒可以用嘴巴同時包覆其口鼻吹氣，較大的小孩則捏住他的鼻子，進行嘴對嘴吹氣。如果胸部沒有隨之起伏，再用一次壓額抬額法讓呼吸道暢通，若仍失敗，就得再進行下一步將異物取出。

1

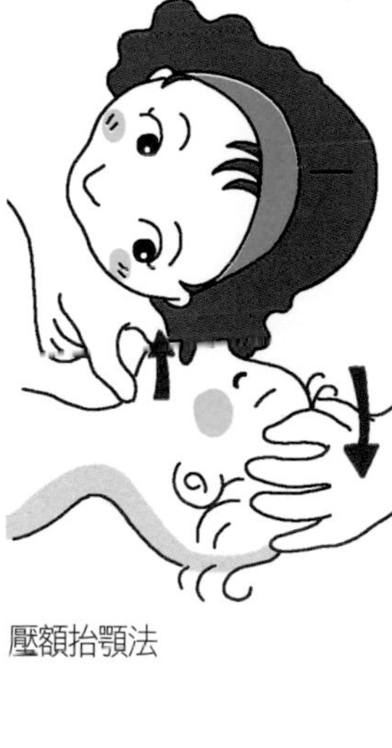

壓額抬顎法

2

目視下取出異物

3-1

嘴對口鼻吹氣

3-2

嘴對嘴吹氣

步驟4. **拍背壓胸法**（一歲以下）

坐著讓寶寶趴在大人大腿上，一手攙扶著寶寶的頭部和頸部並讓頭略低於背部，另一手的手掌大力拍擊寶寶兩肩胛骨之間，連續5次。接著將寶寶反過來，讓寶寶躺在大人大腿上，一手攙扶著寶寶的頭部和頸部並讓頭略低於胸部，用另一手的食指和中指，壓兩側乳頭連線中間的胸骨，連續5次，再回到步驟❶。

步驟5. **哈姆立克法**（一歲以上）

哈姆立克急救法（Heimlich maneuver）又稱腹部猛推法，原理是藉由快速猛推腹部，讓橫隔膜往上擠壓肺部，使肺內空氣往上衝，藉此讓異物往上移動。

若小孩意識清楚，讓他站著或坐著，大人從後方，一隻手握拳，放在肚臍以上胸骨以下的位置，另一手再包覆住拳頭，快速用力往後上方擠壓，連續5次，再回到步驟❶。

若小孩失去意識，則讓他平躺在地上，一手

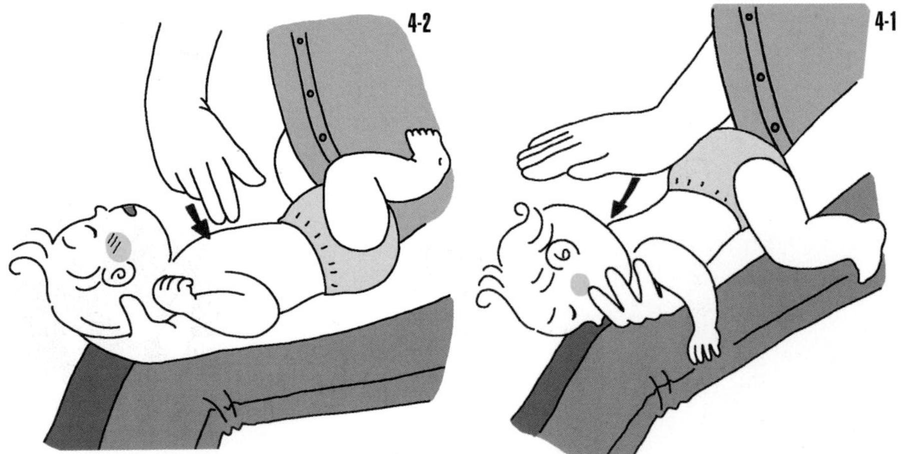

拍背壓胸法

的手掌打開，掌根置於肚臍以上胸骨以下的位置，另一手由後方與之手指互扣，快速用力往病人的後上方擠壓，連續5次，再回到步驟❶。

如何預防嗆到食物？

嬰幼兒的食物以軟及小塊為原則，避免吃太硬太大的糖果或堅果。最好能坐著專心吃，不要分心，例如不要一邊看電視一邊吃，更不要含著食物奔跑或嬉戲。讓寶寶自己拿東西吃時，一定要在隨時有人可以看顧的環境，萬一不小心嗆到時才能及早發現，例如當嬰幼兒獨自坐在汽車後座的安全座椅時，最好不要讓他獨自進食，尤其要避免容易嗆到的食物。

5-1

意識清楚時的哈姆立克法

5-2

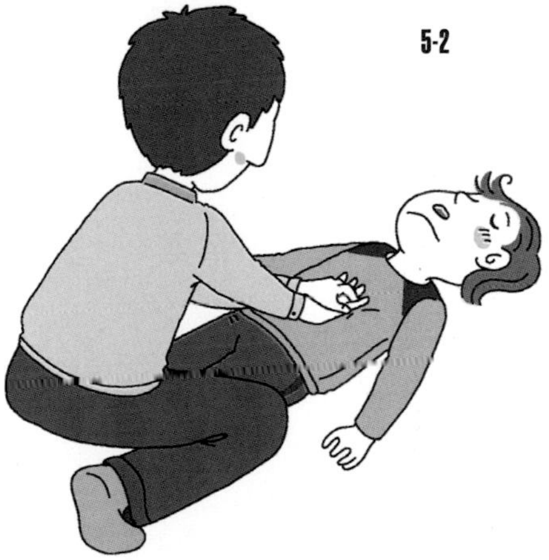

失去意識時的哈姆立克法

營養重點報你知：

維生素A、維生素B攝取全攻略

三歲之前是眼睛快速生長的時期，尤其是在出生後的第一年，營養元素中維生素A和視覺最相關。維生素B則是由多種維生素組成，和神經傳導、能量代謝、細胞分化以及紅血球的製造有關。

維生素A是身體的靈魂之窗

穀類、綠色蔬菜、黃色蔬果、乳製品、家畜類、動物肝臟、魚肝油、蛋黃等，是生活中維生素A的主要來源。維生素A的前身包括類胡蘿蔔素和隱黃質，再由小腸的酵素轉化成維生素A，即視黃醇。

維生素A以棕櫚酸維生素A酯的型態儲存於肝臟，並以視黃醛的型態作用在視覺，視黃酸的型態作用在基因調控，控制細胞分裂、分化、及凋亡，影響胚胎發育、骨骼發育、造血和免疫系統。缺乏維生素A會讓皮膚乾燥、脫屑、過度角化，支氣管阻塞，結膜乾燥甚至失明，並容易有消化道或泌尿道感染。

（一）維生素A的可能毒性為何？

長期攝取大量的維生素A會造成毒性，小孩可能有嘔吐、嗜睡、前囟門突起、皮膚癢、體重不增加等症狀。孕婦若因治療痤瘡或癌症，不小心在孕期的前三個月口服視黃酸，又稱維生素A酸，可能導致胎兒先天畸形，要特別當心。

（二）手掌腳掌偏黃，是否就是黃疸？

眼尖的醫師會發現有的寶寶手掌腳掌偏黃，但又不像是肝膽疾病造成的黃疸。詢問之下常發現寶寶特別偏好地瓜、木瓜、南瓜、紅蘿蔔等食物，因而攝取了過多的類胡蘿蔔素，先造成臉部、手掌及腳掌的皮膚偏黃，也可能擴散至全身。類胡蘿蔔素不會影響到眼睛的結膜或鞏膜，可藉此和黃疸區別。處理的方式很簡單，只要暫停攝取相關食物一段時間，顏色就會慢慢淡去，若症狀持續則要進一步檢查是否合併真的黃疸。

營養小故事：

為什麼古代用羊肝治療夜盲症？

視黃醛存在於人類視網膜中的桿狀細胞和錐狀細胞。桿狀細胞像貓頭鷹一樣，可在黑暗中察覺微弱光線；錐狀細胞像麻雀一樣，可在明亮下分辨色彩和細節。缺乏維生素A會先影響黑暗中的視覺，嚴重者造成夜盲症。隋唐醫藥學家孫思邈，曾以羊肝治療當時稱作「雀目」的夜盲症，就現代的觀點來看，正是補充維生素A的營養療法。

維生素B群是身體團結合作的好夥伴！

「維生素B群」彼此間常要互相幫忙才能發揮最大的作用，其食物中的來源也相近，缺乏的話也常不只缺一種維生素B。

（一）為什麼糙米比白米營養？

稻穀去掉穀殼變成糙米，糙米再碾去米糠層後，若保留胚芽者為胚芽米，若連胚芽都去除則為白米。從糙米、胚芽米、到白米的精緻化過程中，維生素B_1的含量則是減半再減半，假如洗米太多次或太用力搓洗，會再洗掉殘存的維生素B_1。因此用糙米取代白米，洗米時只要輕輕洗去雜質，不要超過三次，才能保留較多的維生素B_1。

（二）為什麼懷孕時要補充葉酸？

胎兒時期若母體缺乏葉酸，可能導致神經管缺損，造成脊柱裂甚至無腦畸形。預防之道是在受孕後的三個月內持續補充葉酸，若是計畫懷孕，則從受孕前一個月就可以開始。出生後若缺乏葉酸，會造成舌炎、無精打采、生長遲緩、貧血等症狀。

（三）什麼是惡性貧血？

維生素B_{12}必須先跟胃部分泌的內在因子結合後，才能在迴腸被吸收。如果患有萎縮性胃炎的話，內在因子的分泌會減少；如果迴腸因故切除的話，能吸收維生素B_{12}的面積會減少，兩者都會影響維生素B_{12}的吸收，造成惡性貧血。缺乏維生素B_{12}還會造成小孩的發育遲緩和肌肉無力，以及大人的感覺缺損和周邊神經炎。

維生素 B_1（硫胺）可預防腳氣病

米、小麥、燕麥、豆科植物、白色花椰菜、魚、豬肉和家禽類都有維生素 B_1。另一方面，未煮熟的魚含有硫胺素酶會分解維生素 B_1，酒精的代謝會消耗體內的維生素 B_1，這些都可能造成維生素 B_1 缺乏，哺育母乳的媽媽也應盡量避免這些食物。

維生素 B_1 作用在碳水化合物的代謝及神經傳導物質的合成。缺乏維生素 B_1 會造成周邊神經炎，腳及腳趾在無外界刺激下，卻有灼熱感或刺痛感，還有腳氣病，英文名Beriberi，在僧伽羅語的意思是「不能不能」，生動地描述了病人舉步維艱，什麼都不能做的窘境，症狀包括小腿抽筋、肌肉萎縮、運動失調、眼瞼無力、聲音沙啞、鬱血性心臟衰竭等等，在神經系統方面則可能造成韋尼克氏腦病變。

維生素 B_2（核黃素）可預防口角炎

奶、蛋、豆科植物、菇、及動物內臟都有維生素 B_2。牛奶是維生素 B_2 的良好來源，記得要放在不透明容器中避光保存，以免維生素 B_2 被破壞。

維生素 B_2 又稱核黃素，是輔酶的成份之一，參與許多氧化還原反應。缺乏維生素 B_2 會造成口角炎，俗稱「爛嘴角」，一開始嘴角旁的皮膚糜爛變薄，接著形成裂痕往外延伸。也會造成角膜炎、結膜炎、脂漏性皮膚炎、和舌頭表面平滑少突起的舌炎

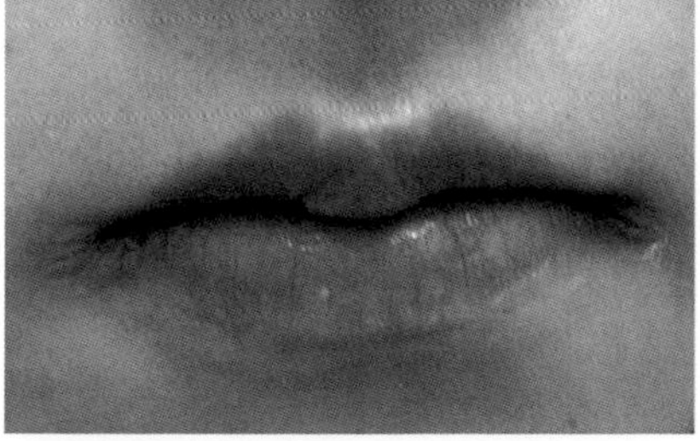
口角炎

等。

生物素（維生素B_7，維生素H）可促進新陳代謝

生物素又叫做維生素B_7或維生素H，廣泛存在於各種食物之中，是許多酵素的輔助因子，參與葡萄糖的生成、胺基酸的分解、和脂肪酸的新陳代謝。

除非禁食，一般人很少缺乏生物素，或是有特殊的情況，例如長期吃大量生蛋白，因其所含的卵白素未被加熱破壞，會在腸胃道和生物素結合，使其無法被腸胃吸收，身體才會缺乏，造成掉髮、頭髮變細、嗜睡、行為畏縮等症狀。

葉酸（維生素B_9，維生素M）是神經之鑰

葉酸顧名思義，存在綠色蔬菜的葉子裡，例如菠菜、萵苣（A菜）、綠色花椰菜等。米和其他穀類、豆類、柳丁、橘子、木瓜也是良好的來源。在大腸裡的細菌也會合成葉酸。葉酸和蛋白質、去氧核糖核酸（DNA）、核糖核酸（RNA）的合成有關，因此生長越快的時期，人體越是需要葉酸。

PART 4

副食品多樣性，腸胃營養要多元：

攝取營養的轉型期 10-12個月

寶寶經過一段時間的吞嚥練習，對於半固體的食物大致已經十分適應，在副食品上，爸媽可以開始給一些軟質的固體食物，同時增加食物的多樣性，飲食營養要均衡。

觀念入門全照護：

「副」食品，所以是「副」餐？

有些家長因為對「副」食品在名稱上的誤解，以至於寶寶到這時期還是以母奶或配方奶為主要的食物，偶爾才穿插點綴一點副食品，這其實是不對的。

每當副食品逐漸增加至足夠一餐的份量，就可以取代掉一餐奶。副食品到了這個階段的比重，已經可以超越奶類，到一歲時約為四餐副食品，兩餐奶，此時的副食品已經可以稱作是「正」餐了！

嬰幼兒飲食越少油越好？

現代人追求養生，飲食常以清淡為主，但是這種少油的觀念並不適用於兩歲之前的嬰幼兒，因為相同重量的脂類食物可以提供醣類和蛋白質兩倍以上的熱量，還可以促進脂溶性維生素的吸收，脂類中的膽固醇更是構成細胞膜、荷爾蒙、膽酸的必要成分。

因此為了滿足身體成長和腦部發育的需要，在兩歲之前暫時不宜限制脂類食物的攝取量，但要注意選擇好的脂類食物來源。兩歲過後，目前普遍存在的問題是脂類攝取過多，因為就算是好的脂類食物，只要一過多還是會造成肥胖，所以兩歲起要逐漸節制攝取量，到四歲時最好少於總熱量的30%，尤其是體重過重的小孩。

可以只吃肉不吃飯嗎？

醣類是所有細胞的能量來源，其中又以腦細胞最為依賴，因為能提供腦細胞能量的，只有能穿透血腦障壁的葡萄糖和酮體。如果飲食中長期缺乏醣類，會使得葡萄糖的供應不足，身體只好想辦法製造酮體來應付腦細胞所需。但是如果產生太多酮體，會伴隨酮酸血症、酮酸尿症、甚至酮酸中毒等危害，因此為了腦部的能量和身體代謝的正常，醣類是不可或缺的主食。

蛋白質多多益善？

以前的觀念常建議小孩應該多補充蛋白質，但現今社會的蛋白質攝取往往是過剩的，過多的蛋白質最後其實也是以脂肪的形式儲存在人體。如果代謝這些蛋白質的工作超過腎臟的負荷，可能產生暫時性的蛋白尿，或造成腎結石。此外，蛋白質中含硫的胺基酸會形成硫酸鹽，需要鈣質來中和它的酸性，但若飲食中攝取的鈣不足，身體就會轉從骨頭挪用鈣質出來使用，骨頭因此變脆弱。蛋白質分解後會產生尿酸，過多的尿酸和痛風的形成有關，因此蛋白質應該重質而不過量，才不會反而造成身體的負擔。

（一）配方奶泡濃一點比較有營養？

在門診的時候，曾經遇過家屬為了增加小孩子蛋白質的攝取量，故意在泡奶粉時將奶粉的量加倍，結果小孩子因為同時攝取了過多的電解質，造成下肢水腫。國內也報告過因為配方奶泡太濃，造成高血鈉性脫水和發燒，甚至發生癲癇重積狀態的例子，因此不要異想天開地隨意改變奶粉和水的比例，反而破壞了標準沖泡濃度所達到的平衡。

（二）醣類、脂類、蛋白質比例應為何？

新增副食品時，不應該只偏重某一類的營養素，在一到三歲時，醣類熱量應佔45～65％，脂類佔30～40％，蛋白質佔5～20％，四到十八歲時，醣類的比例不變，脂類的比例下降為25～35％，蛋白質則上升為10～30％。醣類大於脂類和蛋白質的順序是一直不變的。

醫療保健照過來：
預防營養不良、腸病毒

營養不良

接下來主要討論的是因為缺乏熱量或蛋白質所造成的營養不良，可以分成消瘦症、惡性營養不良、和營養性侏儒症，彼此之間也可能互相重疊。一般在台灣很少看到這些營養不良的情況，除非是合併有其它疾病，或長期被忽略照顧。

（一）消瘦症會有哪些表現？

消瘦症是廣泛缺乏熱量所造成的，此時骨骼肌和皮下脂肪都被用來產生熱量，因此萎縮得特別厲害，英文名稱Marasmus在希臘文即為枯萎和消瘦的意思，體重可能還不到正常體重的六成，也因此肋骨、臉骨和骨頭的關節顯得特別突出，瘦弱的身軀讓頭看起來特別大。容易造成貧血和免疫力不足，但是血液中的白蛋白還能勉強維持正常，因此身體不會有明顯的水腫。

（二）惡性營養不良的小孩四肢細小，但為什麼肚子還是大大的？

一九三〇年代，在非洲迦納的兒科醫師發現，因為媽媽再度懷孕等原因而斷奶的小孩，可能出現肌肉萎縮、肝臟腫大、皮膚萎縮及脫色、腳部水腫、面無表情等症狀，稱之為惡性營養不良。英文名為Kwashiorkor，用當地語言來說就是因為媽媽懷了下一個寶寶而帶來的疾病。在這些地區，母乳是蛋白質重要的來源，但是當媽媽再度懷孕後，前一個寶寶被迫斷奶，便無法從飲食中獲得足夠的蛋白質。當蛋白質不足時，人體會從肌肉中分解出蛋白質以應付最基本的需求，造成腹壁的肌肉無力，向前膨出，如果再加上肝臟腫大的話，肚子看起來就更大了。

（三）營養不良會影響身高嗎？

有些小孩會因為營養不良而讓身高無法正常成長，體重之於身高的比例還算可以，但如果和同年齡層的小孩相比，只達正常體重的六成，這種類型稱作營養型侏儒症（Nutritional dwarfism），往後性徵的發展也比較慢。跟其它侏儒症不同，如果能及時給予適當的營養，還是有機會追得上正常的生長。

腸病毒

（一）腸病毒會拉肚子嗎？

腸胃炎的病人或家屬，常常會問醫生是不是得到了腸病毒。其實腸胃炎很少是由腸病毒引起的。泰國研究了因為急性腸胃炎而住院的兒科病人，只有2.5%的糞便檢體有腸病毒。

腸病毒在腸道只是借住，並不會破壞腸道，因此很少造成腸胃炎，它攻擊的目標其實是口腔、皮膚、腦部和心臟，最常見的是造成口腔潰瘍的疱疹性咽峽炎和手足口病，還有急性出血性結膜炎和皮膚紅疹，一般在7到10天後痊癒。

（二）得到腸病毒時，為什麼醫生說可以吃冰淇淋？

腸病毒影響腸胃最大的地方，是因為口腔潰瘍會讓大多數小孩食慾減少，甚至拒絕進食。此時應避免較硬或具刺激性的食物，盡量選擇較軟的食物，例如布丁。較冰的食物碰觸到潰瘍時，痛覺比較不會那麼敏感，因此也可以吃冰淇淋，解決短期間內熱量和水分的需求。

（三）腸病毒重症的前兆是什麼？

腸病毒可能引起的重症有嬰兒急性心肌炎、成人心包膜炎、無菌性腦膜炎及腦炎。大多數腸病毒都屬於輕症，但在復原的過程中，要注意是否有轉為重症的前兆，包括嗜睡、意識改變、活力不佳、手腳無力、肌躍型抽搐、持續嘔吐、呼吸急促或心跳加快，只要有這些前兆，都應立即送醫。

（四）乾洗手可以消滅腸病毒嗎？

腸病毒沒有脂質外套膜，所以酒精對它無用武之地，因此常用的乾洗手液無法消滅腸病毒，還不如用肥皂洗手。透過沖洗和擦乾的步驟，肥皂雖然殺不死腸病毒，但可以避免腸病毒殘留在手上。同樣的道理，在消毒一般環境時，酒精是沒有用的，應將市售的含氯漂白水稀釋100倍後使用（濃度500ppm），如果是消毒受過汙染的表面，則應將市售的含氯漂白水稀釋50倍後使用（濃度1000ppm）。

（五）如何正確洗手，以避免腸病毒感染？

腸病毒很容易再傳染給家中的其他小孩，越晚得到的反而會越嚴重，最大的原因是小孩或照顧者的洗手步驟不確實，或在搓揉時有死角。正確的洗手方式可以有效減少腸病毒等各種病菌在手上的殘留，大人在照顧病童後或幫小孩準備食物前，都應好好洗手。等孩子慢慢長大，也可以逐步教導他們正確的洗手方式，養成吃東西前先洗手的習慣。

「濕、搓、沖、捧、擦」是洗手的五大步驟。

- **濕**：用水淋濕雙手。
- **搓**：這個步驟最重要，不管是用洗手乳還是肥皂，都要徹底搓揉每一個部位，可以用**「內外夾攻大力丸」**的口訣來避免遺漏。以下為大人幫小孩洗手圖。

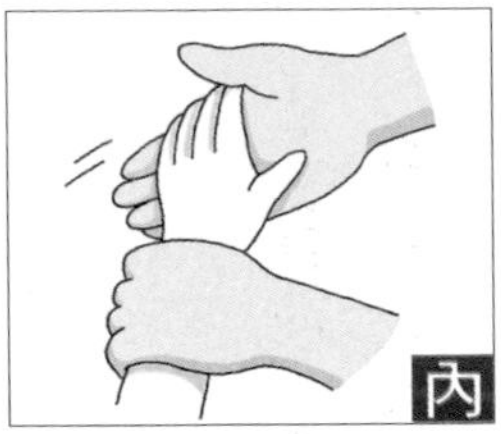

掌心對掌心搓揉。

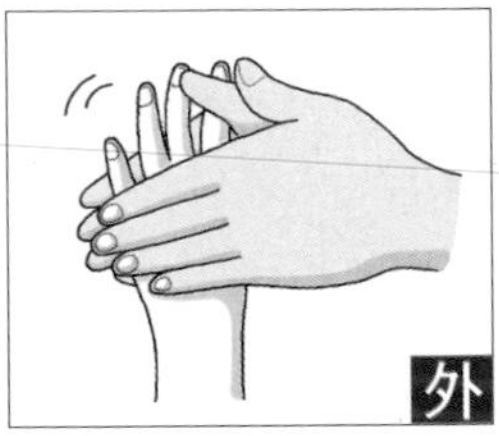

掌心對掌背，左右手交互搓揉。

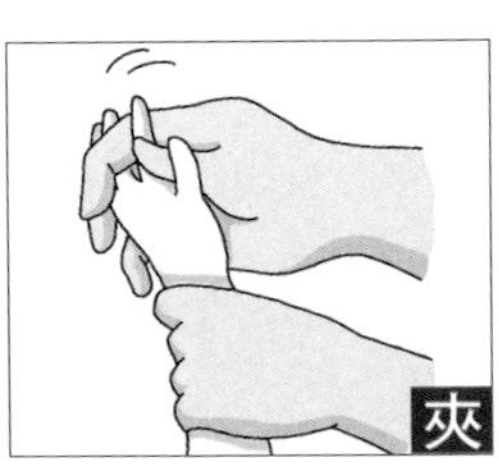

兩手的五指相互交叉搓揉，清潔手指側面。

手指併攏，兩手彎曲互扣，指腹貼著指腹，指背貼著掌心搓揉，清潔重點在於指背和指腹。

掌心環繞另一手的大拇指旋轉搓揉。

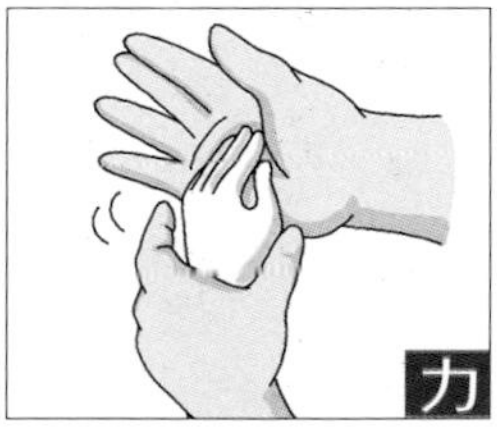

將五隻手指立在另一手的掌心，稍微左右搖擺前進，清潔重點在指尖與指甲縫隙。

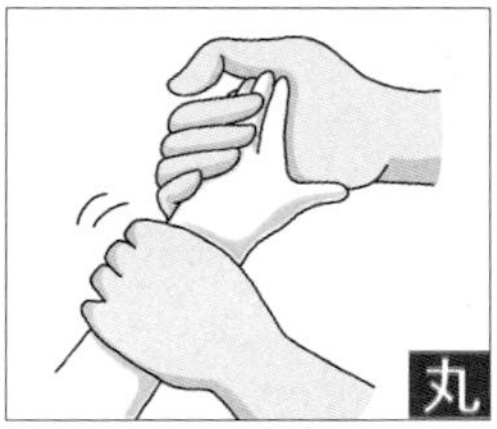

掌心環繞另一手的手腕，旋轉搓揉。

- **沖**：用水沖走泡沫，並將手沖洗乾淨。
- **捧**：水龍頭如果是手動開關，記得捧水沖洗水龍頭後再關閉水龍頭。如果是用感應式開關，則可以省略此步驟。
- **擦**：最後將手擦乾才算完成整個洗手的步驟。

營養重點報你知：

脂類、醣類、蛋白質，品質最重要

脂類

魚類、肉類、蛋黃、乳製品、堅果、奶油、植物油、與油炸食物等，都含有脂類成分，可以分成飽和脂肪酸、單元或多元不飽和脂肪酸、反式脂肪、或膽固醇等各種型態。

（一）那些脂類是不可或缺的？

飽和脂肪酸與單元不飽和脂肪酸都可以由人體自行合成，且足夠所需，而膽固醇也大多來自於體內的合成，少部分來自食物。至於多元不飽和脂肪酸，其中有些是人體無法自行合成的，為飲食中所必需，稱作必需脂肪酸，例如屬於Omega-3不飽和脂肪酸(以下簡稱ω3)的Alpha-次亞麻油酸，以及屬於Omega-6不飽和脂肪酸(以下簡稱ω6)的亞麻油酸。如果飲食中缺乏這些必需脂肪酸，除了生長遲緩以外，還會造成廣泛的鱗狀皮膚炎，皮膚會變紅增厚且有斑塊狀脫皮，並有掉髮及血小板低下等現象。

其餘的多元不飽和脂肪酸，可以由這些必需脂肪酸在人體內轉化而成，例如Alpha-次亞麻油酸可以衍生為ＤＨＡ和ＥＰＡ，亞麻油酸可以衍生為ＡＲＡ，這些都是細胞膜的重要成分，可以調控發炎反應，也是生長發育所必需，其中DHA有助於視力發展。然而人體可以轉化的量有限，光靠這些不足以應付人體的需求，還是要從飲食中補充這些多元不飽和脂肪酸。母乳就含有DHA和ARA，一般嬰兒配方奶粉通常也會仿效母乳而添加。

（二）脂類食物的比例應如何調整？

在日常生活的飲食當中，我們較常缺乏ω3，它的動物來源有鮪魚、鯖魚、秋刀魚、沙丁魚、鮭魚、和土魠魚；植物來源有亞麻仁油，含有必需脂肪酸中的Alpha-次亞麻油酸。ω6則較不虞匱乏，可來自肉類、蛋黃、或堅果。堅果類的不飽和脂肪酸佔了脂類成分的70%以上，其中腰果有90%的多元不飽和脂肪酸是必需脂肪酸中的亞麻油酸，葵花油和紅花子油也都有亞麻油酸。

因為ω6會促進發炎反應，ω3會抑制發炎反應，所以如果ω6的比例過高，較容易發生異位性皮膚炎、氣喘、和缺血性心臟病等疾病。因此我們若無法將ω3在飲食中的比例提高到和ω6一樣，也至少要達到ω6的五分之一，才能勉強維持住兩者間的平衡。

（三）應該少吃哪些脂類食物？

反式脂肪、飽和脂肪酸、和過量的膽固醇都會增加血液中的低密度膽固醇。低密度膽固醇又稱作壞的膽固醇，過多的話會逐漸在血管壁形成脂肪斑紋，最早在嬰兒時期就可以出現，是動脈硬化的前身。反式脂肪存在於氫化過的人造奶油或食用油中，對人體沒有任何益處，因此飲食中能避免就盡量避免。至於飽和脂肪酸所佔的比例，最好少於整體脂類食物熱量的三分之一，膽固醇則最好每天少於300毫克。

營養小故事：

愛斯基摩人比較不會得心臟病！

丹麥的科學家在一九七一年的研究發現，格陵蘭島上的愛斯基摩人和丹麥的愛斯基摩人相比，較不容易得到缺血性心臟病，因為他們的食物來自深海魚類和海豹等，富含ω3。在傳統的年代，飲食中ω3和ω6的比例很接近，但現代西方的飲食，ω6的比例越佔越高，甚至可達ω3的30倍。

醣類

醣類又稱碳水化合物，主要由碳、氫、氧三種元素組成，依照結構可以分成單醣、雙醣、寡糖、多醣、糖醇，存在於穀類、蔬果中，以多醣當中的澱粉形式為主。

（一）如何選擇醣類食物？

醣類最佳的來源是天然的全穀類或富含纖維的蔬菜水果，至於食物所額外添加的糖分，則是越少越好。市售商品常添加單醣或雙醣以促進食物的口感，例如蛋糕、汽水、甜豆漿、和運動飲料。這些添加糖分的量往往超出我們的想像，例如一杯500毫升的珍珠奶茶，添加的果糖量約等於11顆方糖。吃太多這類食物，會讓兒童吃不下其他有營養的食物，也增加肥胖和蛀牙的機率，太多果糖還會造成腹脹、腹痛、腹瀉等。

（二）代糖有益無害？

木糖醇因為和蔗糖甜度相近，熱量較低，腸道吸收的比率也低，常被拿來取代蔗糖，例如用在糖尿病病人身上，避免血糖變化太大。木糖醇也被用在口香糖上，因為它不易被口腔細菌所分解，再加上嚼口香糖可以刺激唾液的分泌和降低口中酸性，還能移除牙菌斑，所以有預防蛀牙的效果。

臨床上曾遇到病人為了預防蛀牙，吃了過多含有木糖醇的口香糖，但因為木糖醇不易被腸道吸收的特性，導致長期腹瀉，知道原因之後才終於恍然大悟。

蛋白質

蛋白質依照來源，可以分成動物性或植物性，動物性蛋白質來自蛋類、奶類、和肉類食物，植物性蛋白質則以豆類、五穀類、根莖類為主。蛋白質可分解成胜肽鏈，胜肽鏈則是由一個個胺基酸組合而成。

（一）蛋白質有什麼作用？

蛋白質是細胞維持構造和發揮正常功能所必需，在缺乏脂類或醣類當作能量來源時，蛋白質也可用來產生能量。缺乏蛋白質時，免疫力會降低，也會減緩身高和體重的成長。組成蛋白質的胺基酸，在獨立時也各自有不同的作用，例如麩胺酸可以促進神經的傳導，牛奶中的色胺酸可以幫助睡眠，甲硫胺酸可以降低膽固醇等等。

（二）如何均衡攝取必需胺基酸？

有些胺基酸我們必須終身從食物中攝取，稱為必需胺基酸；有些則是只有在嬰兒時期，因為肝臟酵素還不夠成熟，所以暫時無法合成，要仰賴外來供應，上述這兩類必需胺基酸都可由母乳中取得。動物性蛋白質，例如來自肉類或海鮮，所提供的必需胺基酸比較完整，而來自單項植物的蛋白質通常較不完整，例如黃豆雖然有豐富的蛋白質，但甲硫胺酸的含量低，糙米這類未經太多加工的五穀類食品，含有豐富的甲硫胺酸，但離胺酸和色胺酸的含量低，因此若要藉由植物來取得完整的必需胺基酸，則必需搭配兩種以上的植物來源，例如用黃豆搭配糙米，以達到互補的效果。

PART 5

腸胃好，身體就健康：奠下基礎的成熟期 1-3歲

俗話說：「三歲看大，七歲看老」，一歲前是身高和體重成長最快速的時期，對神經認知的發展也至為關鍵。兩歲前要特別注意有無生長遲緩的現象，因為會連帶影響接下來兒童時期的成長。

觀念入門全照護：

三歲看大，七歲看老！

我們可以從小孩三歲時的身材體型，預測他成年後的高矮胖瘦。常言道：「三歲看大，七歲看老」，這在成長發育方面其實是有科學根據的，因此這段期間更要注意營養的均衡攝取。

一到三歲的小孩子，正常一天就要吃5餐到7餐，三餐之外還需要健康可口的點心，因此不要把三餐以外的食物都當作是零食而省略，反而失去補充營養的機會。一歲之後就可以跟大人一樣喝鮮奶了，但是不必刻意選擇低脂的鮮奶，因為脂類也是小孩在這段期間重要的營養成分，而且低脂的同時也犧牲了一點口感，降低小孩對它的接受度，因此除非小孩已經過重或肥胖，或者已知有肥胖、高血脂、心血管疾病的家族史，才需選用低脂產品。

小孩都不愛吃東西怎麼辦？

這是在門診常被問到的問題，首先要釐清的是，小孩是真的都不愛吃東西，或者只是不愛吃我們幫他準備的東西？不妨拋開一成不變的菜色，嘗試各種不同的方式，例如在視覺上搭配不同色彩的食物，或者改用飯糰、炒飯、咖哩飯、焗烤等形式，讓孩子有耳目一新的感覺。偶爾適度運用一些天然的食材來提味也無妨，例如鹽巴、洋蔥、或蒜頭等，畢竟在安全和衛生的前提下，尋找「熱量、營養、口味」的最佳平衡點，才是對小孩健康最大的幫助。

有些時候，自主性比較高的小孩並不是不想吃，而是想要自己動手，自己掌控吃東西的節奏。除了早期直接用手抓取食物之外，一歲後就可以開始學習用手抓握湯匙，自己舀東西吃，雖然在學習過程中常會讓食物掉滿地，但也能同時訓練手眼協調。兩歲後可以自己拿杯子喝水，慢慢學習如何不讓水溢出來，要附帶提醒的是，不要讓寶寶拿著奶瓶邊喝邊睡著，以免牙齒和奶水長時間廣泛接觸，造成奶瓶性蛀牙。

預防肥胖

（一）小時候胖，不是胖？

「小時候胖，不是胖」常被用來形容「小時了了，大未必佳」，但是在醫學上，肥胖的兒童在長大之後，持續肥胖的機率還是比一般兒童大。兒童肥胖是台灣越來越受關注的問題，每4位兒童之中就有一位體重過重或肥胖，這些兒童在血壓、血糖、

一歲以後可以自己抓握湯匙

血脂上異常的比率，足足比一般兒童高了一倍之多。

判斷兒童是否過重或肥胖，首先要計算身體質量指數（ＢＭＩ），算法是體重（公斤）除以身高（公尺）的平方，再對照衛生署統計國內資料所作出的表格，找到性別和年齡別的參考值，如果是介於第85至95百分位之間的就屬於過重，超過第95百分位的話就是肥胖。以10歲男生為例，身高155公分，體重70公斤，BMI=70／（1.55×1.55），約為29.14，對照衛生署的表格，超過22.9，因此屬於肥胖。（見附表）

（二）如何控制體重？

Couch potato是形容人窩在沙發裡看電視，就像是種在土裡的馬鈴薯一樣動也不動，現在像這樣的小孩也越來越多了！兒童並不建議用節食的方法來「減」重，應該以增加運動量為主，體重只要不繼續增加太快就好，不一定要「減」下來，可以等身高追上體重後，自然達到理想的ＢＭＩ值。飲食方面可以改吃糙米、全麥麵包、全麥餅乾等含有豐富膳食纖維的食物，少吃油炸品，並增加不飽和脂肪酸在油脂中的比例，例如改用橄欖油或葵花油，吃鮪魚或鯖魚等。

（三）小孩也會有脂肪肝？

常看到肥胖兒童的脖子背後或腋下皮膚有黑色素沉著，其實並非洗澡沒洗乾淨，而是和脂肪肝及糖尿病都有關聯的黑色棘皮症。另一個和脂肪肝有關的是中央型肥胖，外表看起來可能不胖，但都集中胖在肚子，像這樣的小孩也不少。脂肪肝一開始並不會有症狀，常常是在抽血時才突然發現肝功能上升。如果持續惡化，有可能進展成脂肪肝炎、肝臟纖維化、甚至肝硬化。曾經遇過一個中度脂肪肝的小學生，媽媽嚴格控制他食物和運動量的比例，每當他嘴饞時，就用跳繩的次數交換食物，在厲行半年的魔鬼訓練後，不僅肚子變小，脂肪肝也在超音波追蹤時神奇地消失了。

附表　行政院衛生署兒童及青少年肥胖定義(BMI 標準)

年齡	男生			女生		
	正常範圍(BMI 介於)	過重(BMI ≧)	肥胖(BMI ≧)	正常範圍(BMI 介於)	過重(BMI ≧)	肥胖(BMI ≧)
2	15.2-17.7	17.7	19.0	14.9-17.3	17.3	18.3
3	14.8-17.7	17.7	19.1	14.5-17.2	17.2	18.5
4	14.4-17.7	17.7	19.3	14.2-17.1	17.1	18.6
5	14.0-17.7	17.7	19.4	13.9-17.1	17.1	18.9
6	13.9-17.9	17.9	19.7	13.6-17.2	17.2	19.1
7	14.7-18.6	18.6	21.2	14.4-18.0	18.0	20.3
8	15.0-19.3	19.3	22.0	14.6-18.8	18.8	21.0
9	15.2-19.7	19.7	22.5	14.9-19.3	19.3	21.6
10	15.4-20.3	20.3	22.9	15.2-20.1	20.1	22.3
11	15.8-21.0	21.0	23.5	15.8-20.9	20.9	23.1
12	16.4-21.5	21.5	24.2	16.4-21.6	21.6	23.9
13	17.0-22.2	22.2	24.8	17.0-22.2	22.2	24.6
14	17.6-22.7	22.7	25.2	17.6-22.7	22.7	25.1
15	18.2-23.1	23.1	25.5	18.0-22.7	22.7	25.3
16	18.6-23.4	23.4	25.0	18.2-22.7	22.7	25.3
17	19.0-23.6	23.6	25.6	18.3-22.7	22.7	25.3
18	19.2-23.7	23.7	25.6	18.3-22.7	22.7	25.3

腹瀉、便祕是這時期的好發症狀

學步兒腹瀉

（一）為什麼小孩一直拉肚子？

一到三歲的小孩，走路搖搖晃晃，我們暱稱為學步兒。有些學步兒，在沒有得到腸胃炎時，大便也常常是稀稀水水的，在排除掉其他生病的原因之後，我們稱之為學步兒腹瀉，是一種慢性非特異性腹瀉。學步兒腹瀉最大的特色是小孩體重正常，看起來也很健康，如果小孩身材瘦小，則要懷疑是否吸收不良。學步兒腹瀉大多發生在白天，尤其是早上，原因可能是喝了太多汽水或其他甜的飲料，還有蘋果、梨子、黑棗汁這類富含山梨醇的果汁，這些沒被吸收的醣類，例如果糖和山梨醇，都會攜帶著水分讓大便變稀。

（二）小孩的大便裡看到完整的胡蘿蔔，有沒有問題？

學步兒的大便裡，偶爾可以看到未消化完全的食物，例如豆類、玉米、胡蘿蔔、番茄的皮或籽。很多家長會誤以為是吸收不好，其實只是因為小孩沒有充分將食物嚼碎，而且食物又快速地經過腸道，所以才會原封不動地被排出來，並不會影響小孩的生長。

（三）小孩一吃完飯就上大號，這樣到底有沒有吸收？

讓家長憂心的，還有小孩常常一吃完飯就拉肚子，到底有沒有吸收到營養？當胃部被吃下去的食物撐開，小腸接觸到消化過的食物後，結腸的蠕動開始增加，將糞便往後推，目的是為了讓腸胃道能裝下更多的食物，以利後續的進食，但表現出來的就是吃完飯後想上大號。這種正常的生理表現稱作「胃結腸反射」，在學步兒腹瀉時特別明顯，排出來的並不是剛剛吃下去的東西，無須過度擔心吸收的問題。

（四）如何改善學步兒腹瀉？

適度增加脂肪在食物中的比例，因為油脂可以減緩腸蠕動的速度，讓食物有多一點的時間被吸收，改善稀便的狀況。另一方面，可以計算一下小孩每天液體的攝取量，如果平均每公斤超過150毫升，應該減少上述幾樣容易造成腹瀉的流質食品，試著將液體的攝取量降低到每天每公斤90毫升，雖然前幾天小孩可能會抗議，但過幾天後就能看出效果，可以減少大便的次數和量。

便秘

（一）為什麼每天都有排便，醫生還說是便秘？

排便的頻率從1天3次到3天1次都可能是正常的，一般人常以為很難大出來，或很多天沒上大號才算是便秘，但常見的狀況是每天都有上大號，出來的卻都像小羊大便一樣一顆顆小小的，其實這些都是很多天前就形成的糞便，因為在大腸太久，水分都快被吸光了，所以變成又乾又硬的小顆粒。簡單來說，雖然每天都有排便，但是還有更多在後面排隊！

（二）都拉水便了，怎麼可能會有便秘？

有些便秘就是不按牌理出牌，讓家長容易忽略，甚至治療錯方向。不少的小孩是以拉水便為便秘的表現，常在下診斷的時候，看到家屬一副不可置信的表情。便秘為什麼會拉水便？因為當堅硬的大便塞滿直腸之後，就像海岸邊的消波塊，只剩下水狀的糞便可以從縫隙間滲出，因此水狀的糞便常被誤認為拉肚子。如果長期未改善，直腸的感覺神經會變遲鈍，蠕動功能也變差，甚至造成大便失禁，這時候更容易被解讀成一天拉好幾次的嚴重腹瀉。萬一再吃止瀉劑，就更雪上加霜了！

（三）小孩拼命用力，是想大而大不出來嗎？

當大便變得又粗又硬，排便時就會開始感到疼痛，甚至造成肛門裂傷和出血，常在擦衛生紙時才發現血跡，或是在馬桶直接看到鮮血。當這些小孩在閉氣用力時，直覺會以為他們是想大卻大不出來，但其實也有可能是極力想憋住，以避免解便時的疼痛。憋住的結果，反而使便秘更加嚴重，造成惡性循環。

(四)如何預防與治療便秘？

開始不包尿布的小孩，平常應養成規則排便的習慣，最少每天一次，可選擇在早餐或晚餐後的5到30分鐘內，讓小孩固定坐在馬桶上10分鐘，讓他知道就算不上大號，這段期間也不能去玩。可以讓小孩身體向前傾，雙腳踩著矮凳方便施力，必要時輕輕幫他壓壓肚子，這些動作都有助於排便。

治療便秘的重點就在於打破惡性循環，方法包括由醫師開立的浣腸、軟便藥、促腸蠕動藥或塞劑，小寶寶也可以用棉花棒沾凡士林刺激肛門口周圍以刺激排便。多喝水和多吃纖維質高的蔬菜水果，是治療長期便秘最好的方法，也可以用軟便藥輔助，但浣腸和促進腸蠕動的藥則不能長期使用。

(五)便秘可以吃蘋果或香蕉嗎？

常問便秘的小孩是否有常吃水果，有時候會得到蘋果或香蕉的答案，其實這兩種水果都有雙重作用，既可以用在便秘、也可以用在腹瀉。如果要改善便秘，最好選擇蘋果汁或熟香蕉，而且要喝足夠的水，才不會適得其反。

蘋果汁的山梨醇可以改善便秘，蘋果醬的果膠卻可能造成便秘，而蘋果本身的纖維則主要位於蘋果皮中，因此如果是要改善便秘，應該選擇可以連皮一起吃的蘋果，或者喝蘋果汁。香蕉含有果寡糖、鞣質、果膠。其中的果寡糖可以改善便秘，但是比較生、比較綠的香蕉則有較多的鞣質，除了略帶苦味也不易消化，和果膠一樣可以用來改善腹瀉。因此如果要幫助排便，應該等香蕉熟到香蕉皮出現小黑點再吃，一天一根即可。

（六）便秘不治療會怎樣？

除了便秘本身的痛苦之外，還會有脹氣、打嗝、食慾降低等症狀。另一方面，急性腹痛發作時，慢性便秘就像是個大型煙幕彈，讓人很難分辨腹痛是否摻雜便秘以外的因素。臨床上曾遇過真實的案例，長期便秘的小孩因為腹痛到急診，腹部X光顯示整個大腸積滿宿便，在處理完便秘後，疼痛確實也有減輕，但隔天腹痛又開始加劇，這回少掉便秘的干擾，終能診斷出闌尾炎。就這個例子而言，如果平常就能消除便秘，在遇到腹部急症時，就不用多花時間來處理便秘了。

▲ 便秘會導致脹氣、打嗝、食慾降低等症狀，大人可以由此觀察小孩是否便秘了。

營養重點報你知：

注意膳食纖維、蔬果調色盤、益生菌的攝取

膳食纖維

（一）膳食纖維是什麼？和醣類有什麼不同？

膳食纖維來自全穀類、蔬菜或水果，也是一種碳水化合物，和一般醣類食物的差別是它在進入大腸之前幾乎不被人體消化，也不是以提供熱量為主要目的。膳食纖維可分成水溶性和非水溶性，水溶性的包括燕麥麩的Beta-葡聚糖、香蕉的果膠、蒟蒻的葡甘露聚醣、海帶的褐藻膠等，非水溶性的則存在於未精製的全穀類、芥菜、四季豆、果皮等。

（二）膳食纖維有什麼功能？

有些膳食纖維到了大腸以後，經過細菌發酵，產生對身體有益的物質，例如可以促進腸內益菌生長的果寡糖，以及各種短鏈脂肪酸，包括乙酸、丙酸、丁酸。乙酸容易由人體吸收，並快速運送到肝臟；丙酸能降低血脂肪；丁酸就像是大腸細胞的健康食品，不僅是大腸細胞偏愛的熱量來源，也促進大腸細胞正常的增生與分化，預防大腸癌或腺瘤的產生。

（三）完全不被吸收的膳食纖維也有作用嗎？

膳食纖維在胃部可以增加飽足感，讓我們不會一下子吃太多，也可以利用它膨脹後的體積去稀釋食物中可能帶有的毒素或致癌物，減少這些壞東西和腸胃粘膜接觸的機會。有些膳食纖維到了大腸依然不被分解，可以幫助大便成形，讓排便順暢而減少宿便，藉此縮短毒素或致癌物滯留在體內的時間。這些完全不被吸收的膳食纖維，就像莊子所說的：「無用之用，是為大用」。

（四）膳食纖維要吃多少才夠？

1歲以上的兒童，簡單的算法就是年紀加上5，例如3歲的幼兒每日要攝取8克的膳食纖維，20歲以上的成人則一律建議為25克。記得在攝取膳食纖維的同時也要補充足夠的流質或水分，才能發揮順暢排便的效果。但也不要突然增加太多膳食纖維的攝取量，因為膳食纖維在經細菌發酵後會產生二氧化碳和甲烷，在身體尚未適應前，可能會感覺腹部脹氣或絞痛。

蔬果調色盤

（一）番茄紅了，醫生的臉就綠了？

這句西方的諺語其實是有醫學根據的，因為番茄中的茄紅素有很強的抗氧化能力，可以減少紫外線對皮膚的傷害，並能增進人體的免疫力，降低生病的機率，甚至還能預防癌症。茄紅素不像維生素C那麼容易遭到破壞，在烹飪過程中還會釋放出更多的茄紅素，因此番茄很適合用來做菜，例如番茄炒蛋、番茄牛肉麵、番茄義大利麵等。不過話說回來，醫生不會因為大家都健康而臉綠，倒是遇到小朋友不愛吃蔬菜水果或只偏好少數幾種時，小兒腸胃科醫師才真的會臉綠。

(二) 為什麼蔬菜水果會有不同顏色？

上述例子中，茄紅素會讓番茄呈現紅色，我們也可以從其他蔬菜水果外觀的顏色，來推測它們內含的營養素，例如綠原酸呈現綠色，白藜蘆醇呈現紫色，類胡蘿蔔素和生物類黃酮呈現黃色或橙色，蒜素、花黃素、山奈酚、楊梅黃酮則呈現白色或褐色。有些營養素的顏色會變化，例如葉綠素本來是鮮豔的綠色，在煮過後就略帶褐色，花青素在偏鹼性時呈現藍色或綠色，在偏酸性時則呈現紅色或黃色。也有些營養素是無法從外觀的顏色看出來的，例如深綠色蔬菜中的葉黃素和玉米黃素。

我們可以藉由不同顏色蔬果的搭配，來達到均衡攝取營養素的目的，還可以藉由視覺上的刺激來促進小孩的食慾，一舉兩得。一般而言，綠色的蔬果含有較多鐵質，

對眼睛也有益，還可以強壯骨骼跟牙齒。黃色或橙色的蔬果，則有助於免疫力和視力健康。白色或褐色的蔬果可以降低膽固醇、降低血壓，以及預防心血管疾病。紫色或藍色的蔬果可以預防癌症、心血管疾病、和中風。黑色的蔬果含有較多的微量元素，也有抗氧化的作用。這種顏色與營養素的對應關係偶爾也會有例外，例如橙色代表有維他命C，但是綠色花椰菜的維他命C卻比橙色的柳丁還多。

（三）各種顏色的蔬果有哪些？

- **紅色：**櫻桃、番茄、草莓、西瓜、蔓越莓(小紅莓)、覆盆子、甜菜根、紅葡萄柚、紅葡萄、蘋果、石榴、辣椒、紅色甜椒(紅柿子椒)。
- **綠色：**菠菜、芹菜、芥菜、芥藍、油菜、萵苣、茼蒿、綠色花椰菜(青花菜)、地瓜葉、空心菜、大白菜、小白菜、青江菜(湯匙菜)、羽衣甘藍、球莖甘藍(大頭菜)、蘆筍、秋葵、黃瓜、絲瓜、毛豆、豌豆、四季豆、南瓜子、青椒、蔥、韭菜、九層塔、香瓜(蜜瓜)、奇異果、酪梨、芭樂、檸檬。
- **黃色或橙色：**木瓜、南瓜與冬南瓜、地瓜、玉米、胡蘿蔔、黃色甜椒、金針、鳳梨、芒果、榴槤、甘蔗、橘子和柳丁、柚子、柿子、楊桃、百香果、哈密瓜、水蜜桃。
- **白色或褐色：**香蕉、荔枝、龍眼、蓮霧、梨子、棗子、釋迦、竹筍、茭白筍、白蘿蔔(菜頭)、白色花椰菜(花菜)、苦瓜、冬瓜、香菇、金針菇、薑、蒜頭、洋蔥、花生、豆薯、菱角、蓮藕、牛蒡、馬鈴薯。

- **紫色或藍色：**芋頭、茄子、紫菜、昆布、紫色高麗菜、黑葡萄、葡萄乾、藍莓、黑莓、李子、黑棗、無花果。
- **黑色：**黑米、扁豆、黑豆、黑芝麻、黑木耳。

益生菌

（一）益生菌有什麼作用？

益生菌根據世界衛生組織的定義為「在適當劑量下，能為宿主帶來健康效益的活體微生物」，包括乳酸桿菌、雙歧桿菌（又稱比菲德氏菌）、乳酸球菌、酵母菌等等。不同種類的益生菌各有不同的功效，例如嗜酸乳酸桿菌和雙叉雙歧桿菌可以用來預防早產兒壞死性腸炎，但別的益生菌卻不一定可以。目前較廣為證實的作用還有：

- 縮短急性腸胃炎的病程和減少腹瀉的次數（市面上的優酪乳常添加糖分以增進口感，不宜在此時大量攝取）
- 治療兒童超過14天的持續性腹瀉
- 預防到外地旅行時的急性腸胃炎感染
- 預防感冒
- 減少因為使用抗生素引起的腹瀉

（二）如何補充益生菌？

母乳有天然的雙歧桿菌；優酪乳有各種不同的益生菌，適合乳糖不耐的人同時攝取牛奶中的營養；全穀類和蔬菜水果可以促進腸內益菌的生長，例如糙米、薏仁、花椰菜、洋蔥、番石榴、香蕉等。醫生會開立藥品等級的益生菌，除此之外也有食品等級的製劑，可以從「許可證字號」辨別。要注意益生菌的保存方式和期限，越接近製造日期的越好，如果放太久，益生菌的有效數目會隨時間遞減。

（三）益生菌可以取代正規治療嗎？

不要未經醫師指示就用益生菌取代正規治療，尤其是當療效尚待更多研究證實時。有些研究報告只是片面之詞，經不起一再檢驗或後續的追蹤。話說回來，實際使用後最能知道有沒有效，有效才有必要繼續用，事先諮詢醫師，可以減少無謂的嘗試。

PART 6

寶寶營養副食品

0-3歲的寶寶在不同的階段，飲食的方式以及攝取的營養有所不同。除了腸胃健康外，副食品的營養供給也很重要。新手爸媽須針對不同階段的不同需求，設計各種充足的營養副食品。

製作副食品注意事項

1. 製作副食品前請記得洗手／不管爸爸媽媽有沒有生病的症狀，製作寶寶的食物前一定要用肥皂把雙手洗淨，因為大部分的病菌都會藉由不乾淨的雙手傳播，遇到不怕酒精的病毒（例如腸病毒），光是用乾洗手是絕對不夠的！如果爸媽還有呼吸道的症狀，最好還可以戴上口罩，避免帶著病菌的口鼻分泌物進入寶寶的食物中。

2. 處理生食與熟食的工具應分開／未煮熟的食材可能會帶有致病的細菌或病毒，需要一份獨立使用的菜刀以及砧板，不可與處理熟食的器具混用。

3. 製作泥狀食物的好方法／4到6個月的寶寶大部分是以泥狀食物餵食，媽媽常常要花很多時間處理，除了用磨泥器之外，也可以將切塊後的食物放入夾鏈袋中，直接壓碎，既衛生又簡單方便。

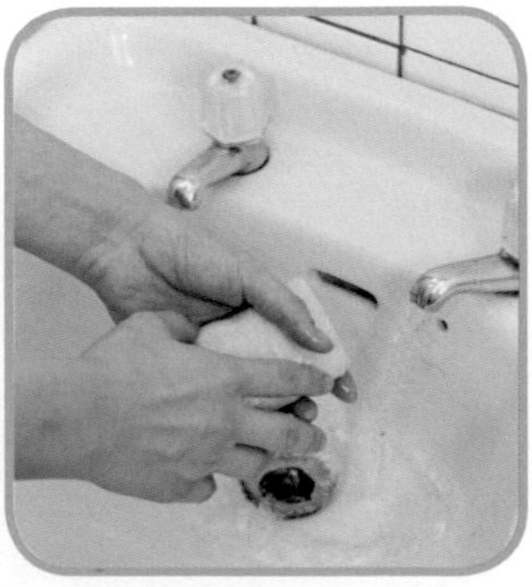

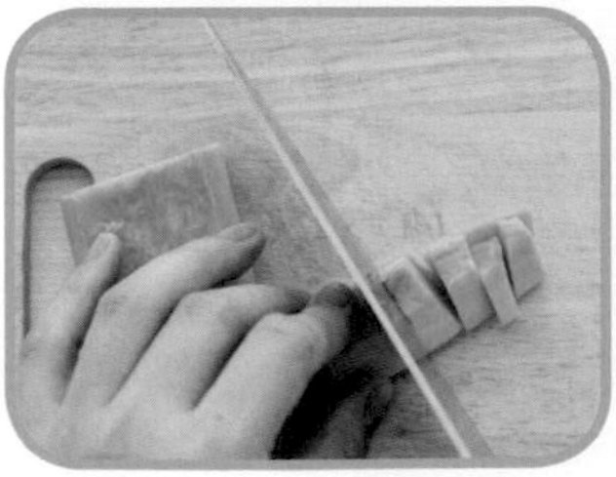

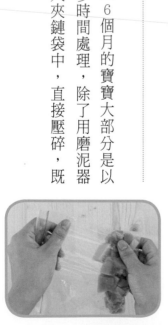

4.

大分量的保存／寶寶副食品一次的分量通常都不多，媽媽可以一次製作一週的分量，利用製冰盒或是小夾鏈袋保存，要餵食的時候再拿出加熱即可。

5.

避免加入過多的調味料／1歲以下的寶寶腎臟尚未成熟，添加過多的調味料或人工添加物可能會造成腎臟多餘的負擔，其實只要食材夠新鮮，應該盡量讓寶寶品嘗食物本身的味道，像是蔬菜的甜味或是魚類的鮮味；等到1歲以上可以開始加入調味料時，也應該酌量使用。

6.

讓小朋友自行坐著，以湯匙餵食／寶寶6～7個月大之後，通常就可以不需扶持自行坐著，爸媽在餵食副食品時，應該讓寶寶養成習慣，自行坐在餐椅上用湯匙餵食；讓寶寶邊玩邊吃，或是媽媽們在後面追著餵，都不是好的飲食習慣。等1歲以後手部肌肉更加成熟，就可以讓寶寶自行使用湯匙進食。

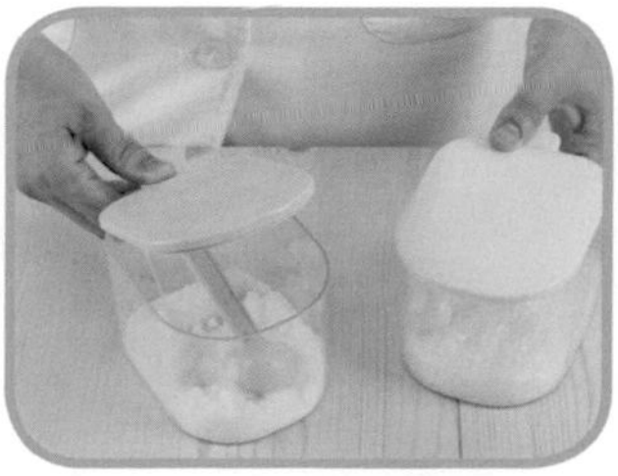

5-6個月

引起寶寶興趣的第一口副食品

- 一開始可先由一天一餐開始，盡量挑選兩次餵奶中間的時間點（還不會太餓，也不會太飽的時候），如果寶寶適應良好，就可進展到一天兩餐，並慢慢增加每次的分量。以下提到的分量，爸媽可以依據寶寶的食量做調整，絕對不是一成不變的喔！

- 在這個階段非常重要的一點就是用湯匙餵食，不要再把所有的東西都裝入奶瓶；如果寶寶已經可以坐著，就讓他自行坐在餐椅上，由爸媽餵食。

- 如果吃過某樣食物後，身體出了紅疹或是大便出現血絲，代表這個階段的寶寶對這項食物可能有過敏現象，只要把懷疑過敏的食物暫停，過一陣子再餵餵看，若還是出現相同情形，建議到1歲以後再試；但如果只是嘴巴周圍出現小疹子，不一定是過敏現象，可能只是口水疹，不需太過擔心！

- 開始吃副食品之後，大便的形狀可能會變得較不一樣，大部分的寶寶都會出現比較乾硬的大便，記得要多補充水分，不要隨便把副食品停掉喔！

蘋果汁

材料

蘋果……半顆

製作方法

1. 將蘋果洗淨後削皮，用磨泥器磨至泥狀
2. 經篩網過濾後取出汁，加等量開水混合即可餵食。

營養小筆記

- 蘋果含有大量的維生素和礦物質，甜甜的口感也很受寶寶歡迎。而豐富的山梨醇可改善便秘。
- 自己做的果汁新鮮又營養，因為沒有添加防腐劑，製作完後應儘快給寶寶飲用。請不要買市售的果汁給寶寶喝，大人喝的果汁常添加過量的糖分，太高的滲透壓有時會造成腹瀉。

葡萄汁

材料

葡萄……6顆

製作方法

1. 將葡萄洗淨後放入碗中搗碎成泥。
2. 經篩網過濾後取出汁，加等量開水混合即可餵食。

營養小筆記

- 葡萄含有鐵質及維生素B群，可以預防貧血。葡萄皮也含有許多營養素，包含兒茶素及花青素，若家中有果汁機，可整顆放入打成泥，再用篩網過濾成汁餵食。

木瓜米糊

材料

木瓜……1/8顆

米精……3匙（市售米精內附量匙）

製作方法

1. 將木瓜洗淨後削皮切小塊，用湯匙壓碎攪拌至泥狀。
2. 米精3匙加木瓜泥（含汁），再加入2-3匙開水調成適當濃稠度即可。

營養小筆記

- 寶寶剛開始接觸半固體食物，米麥精是一個非常好的選擇，爸媽可以自行加減水量的多寡來調製成適合的濃稠度；記得不要將米精加入已沖泡好的配方奶中，此舉會破壞配方奶的滲透壓，也減少了讓寶寶練習湯匙餵食的機會。
- 建議爸媽購買原味的米精，第一次吃的時候，先用開水混和調製適當的濃稠度來作餵食，若是寶寶適應的不錯，就可選擇不同的蔬果泥加入調配（如香蕉泥、菠菜泥、南瓜泥、蘋果泥等），以增加食物風味及變化性，同時提高寶寶的接受度。
- 木瓜除了β胡蘿蔔素和番茄紅素之外，也含有豐富的維他命，其中的維他命C還可以促進鐵質的吸收，減少缺鐵性貧血的機會。

香蕉泥

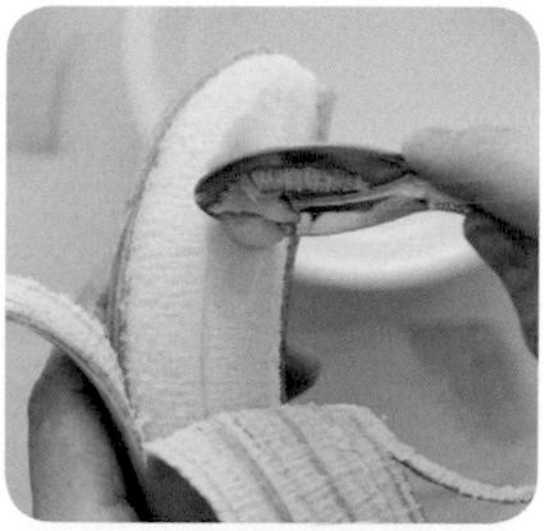

材料

香蕉……1根

製作方法

剝皮後用湯匙將香蕉挖成泥狀直接餵食。

營養小筆記

・香蕉屬於高熱量的水果，對於四個月就開始厭奶的小寶寶來說，可提供很好的營養來源。它富含維生素B群、維生素C以及礦物質，而甜甜的口感對於寶寶來說，接受度很高，攜帶方便也很適合當外出時的點心。此外，可選用較熟的香蕉做香蕉泥，豐富的果寡糖可改善便祕。

紅蘿蔔麥糊

材料

紅蘿蔔……1/4根

麥精………3匙（市售麥精內附量匙）

製作方法

1. 將紅蘿蔔削皮後放進電鍋蒸熟。
2. 將蒸熟後的紅蘿蔔用磨泥器磨成泥狀後，加入麥精中混合，再加開水調成適當濃稠度。

營養小筆記

- 紅蘿蔔有大量的維生素A，對於寶寶的視力發展非常重要，同時它也含有鈣、磷等多種礦物質，是一項營養充足的蔬果。很多小孩不喜歡紅蘿蔔的味道，所以從小時候就開始餵食，將來較不會排斥紅蘿蔔。
- 麥粉的主要成分是小麥，大麥或燕麥，其中會含有麩質（gluten），所以要小心觀察寶寶是否會對麩質過敏（較常見於西方國家）。

南瓜菠菜泥

材料

南瓜……1/4顆　菠菜……5-6片

製作方法

1. 將南瓜去籽後放入電鍋蒸熟，用湯匙挖出南瓜肉後搗成泥狀。
2. 菠菜用水燙過後切成細碎狀，或用磨泥器磨成泥。
3. 加入南瓜泥中混和後即可餵食。

營養小筆記

- 南瓜的β胡蘿蔔素以及維生素C含量都不少。而菠菜含有鈣、磷、鐵等多種礦物質，以及豐富的膳食纖維，可以幫助腸胃道的蠕動，對排便也很有幫助。
- 吃較多含有胡蘿蔔素的食物（如南瓜，紅蘿蔔），有時會讓寶寶的皮膚偏黃，如果鞏膜顏色正常，媽媽就不必太過擔心。

白蘿蔔青豆泥

材料

白蘿蔔……半根　　青豆……20g

製作方法

將白蘿蔔洗淨削皮後切小塊，與青豆一起放入電鍋蒸熟，再搗成泥狀（或使用磨泥器）。

營養小筆記

- 一年四季都可以買的到白蘿蔔，但冬天的菜頭特別好吃。白蘿蔔有大量的水分以及膳食纖維可以幫助腸胃蠕動，對於排便有很棒的效果。
- 青豆的維生素B_2和維生素C含量很高，另外含有豐富的蛋白質。加入青豆讓色彩較為豐富，也增加甜味，可以提高挑嘴寶寶的食慾。磨碎後的青豆皮若沒有挑出，寶寶食用後也許會在大便中看到未消化的青豆皮，這是正常的現象，不需太過擔心。

蕃薯泥

材料

蕃薯……30克

製作方法

1. 將蕃薯洗淨，連皮一起放入電鍋蒸熟。蒸熟後，將番薯切開。
2. 用湯匙刮下蕃薯泥餵食即可。

營養小筆記

・蕃薯屬於高纖維食品，可增加大便體積刺激便意。另外富含維生素A，對寶寶的視力發展有很大幫助；蕃薯的維生素C以及鈣、鐵含量也不少，如果寶寶已經開始吃稀飯，也可將蕃薯加入米飯中蒸煮，增加甜味。

7-9個月
運用「稀飯」提供營養

- 這個階段的寶寶已經開始對大人的食物產生興趣，記得不要把所有的東西都打得太稀太糊。可以開始讓寶寶自己試著手拿杯子喝水或果汁，或是自己拿小塊的固體食物放入口中（例如小吐司片，或是米餅）！

- 「稀飯」很適合這個階段的寶寶，以下的食譜提供的是5倍粥的作法（米：水＝1：5），可視寶寶的吞嚥能力作調整。若寶寶剛開始接觸半固體的食物，可由7～10倍粥開始，之後慢慢減少水分的添加。

- 開始吃青菜的寶寶，爸媽常會發現食物又「原封不動」的出現在大便中（例如菜葉、紅蘿蔔），這是正常的現象，可以繼續餵食，爸媽不用太過緊張。

- 六個月過後的寶寶常常有厭奶的現象，千萬不要以為停掉副食品，寶寶就會回心轉意開始大喝牛奶。其實不用太擔心這些厭奶的寶寶，只要記得慢慢增加副食品的分量，寶寶就不會有營養不足的情形。這個階段很多寶寶也開始長牙囉！睡覺前、還有吃完東西後記得要清潔牙齒喔！

馬鈴薯蛋黃泥

材料

馬鈴薯……半顆
雞蛋………1顆

製作方法

1. 將馬鈴薯洗淨並削皮切成小塊。
2. 將馬鈴薯塊與帶殼雞蛋放入電鍋蒸熟（記得要裝在不同的碗中）。
3. 雞蛋煮熟後剝殼取出蛋黃壓碎。
4. 將蒸熟後的馬鈴薯用湯匙壓碎，與熟蛋黃混合即可。

營養小筆記

・馬鈴薯有豐富的澱粉質含有多種維生素，口感鬆軟十分適合小寶寶，此道菜勿磨得太過泥狀，帶有一些馬鈴薯及蛋黃顆粒，可以讓寶寶適應塊狀口感。
・蛋黃富含蛋白質與維生素A、D，六個月以上的寶寶已經可以食用。

吻仔魚莧菜粥

材料

吻仔魚……15克
莧菜………適量
米…………1/5杯

製作方法

1. 莧菜洗淨後切成細碎狀；吻仔魚也切成小段。
2. 1/5杯的米洗淨後加入1杯水，並放入切好的莧菜以及吻仔魚，一起放入電鍋煮熟（外鍋加一杯水）。

營養小筆記

・莧菜是高鐵高鈣的食物，對於正在發育的寶寶來說是很棒的選擇。吻仔魚含鈣量也高，處理簡單方便，非常適合拿來當做副食品的材料。

蘿蔔泥佐豬絞肉

材料

白蘿蔔……20克
腰內肉……30克

製作方法

1. 將腰內肉切碎成末。
2. 白蘿蔔削皮後切成小塊，與腰內肉一起放入電鍋中蒸熟；蘿蔔蒸軟後用湯匙壓碎，與豬絞肉混和即可餵食。

營養小筆記

・肉類含有豐富的蛋白質，是這個年紀的寶寶非常需要的。而腰內肉較為柔軟，對寶寶來說是很適合入口的副食品。.

・白蘿蔔有大量的水分以及膳食纖維可以幫助腸胃蠕動，對於排便有很棒的效果。

菠菜豆腐

材料

菠菜………適量
嫩豆腐……40克

製作方法

1.將菠菜用滾水燙熟後泡於冷水中去除澀味，再取出瀝乾並切碎。
2.豆腐切成小丁，用滾水燙熟，取出後再加入菠菜，即可餵食。

營養小筆記

・豆腐富含蛋白質與大豆卵磷脂，對於吃素的寶寶來說，是代替肉類的一項選擇。菠菜是高葉酸及高礦物質的食物，豐富的纖維質也對腸胃的蠕動很有幫助，但它的澀味常常會讓寶寶皺眉頭，川燙後浸泡冷水可去除部分的澀味。

鱈魚蔬菜粥

材料

高麗菜……3片　洋蔥……1/8顆
紅蘿蔔……1/8根　米………1/5杯
鱈魚………適量

製作方法

1. 高麗菜，洋蔥，及紅蘿蔔切成碎末狀；鱈魚也切成小塊。
2. 1/5杯的米加入1杯水，再加入作法1的蔬菜末，放入電鍋蒸熟。
3. 電鍋開關跳起後再加入鱈魚塊，外鍋再加少量水，按下開關再煮一次，待鱈魚煮熟，與蔬菜稀飯攪拌後即可餵食。

營養小筆記

- 鱈魚含有不飽和脂肪酸，富含DHA，對寶寶的腦部發育很有幫助。因鱈魚很容易熟，所以不需一開始就加入稀飯熬煮。另外，要記得在烹煮之前要將魚刺挑出喔！
- 冬天的高麗菜特別清甜，儲存的好也不容易腐爛，其中的維生素B_6含量很高，另外也含有維生素C，對於不愛吃水果的寶寶來說，是一項很好的菜類選擇。如果怕寶寶沒有牙齒不會咀嚼，就把葉片切細碎，熬煮久一點，自然很容易和稀飯吞下肚。

番茄蛋黃粥

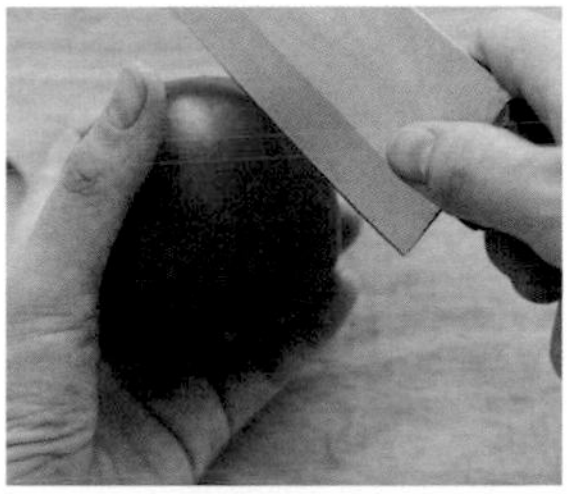

材料

牛番茄……1/4顆　雞蛋……1顆　米……1/5杯

製作方法

1. 將番茄表皮畫十字後燙熟剝皮，並切成小丁。
2. 雞蛋放入電鍋中蒸熟，取出蛋黃備用。
3. 1/5杯的米加入1杯水，並加入番茄丁，一起放入電鍋中蒸熟，取出後加入蛋黃即可餵食。

營養小筆記

- 番茄可生吃可熟食，就算經過高溫烹調，茄紅素也不容易被破壞。越紅的番茄，茄紅素含量越高。
- 蛋黃中含有DHA以及卵磷脂，對寶寶的腦部發育來說，是很棒的食物選擇。除了豐富的蛋白質之外，也含有鈣質與鐵質，營養十分均衡。

洋蔥鯛魚稀飯

材料

洋蔥……1/4顆　鯛魚片……3片　米……1/5杯

製作方法

1. 將鯛魚片燙軟後用湯匙壓碎。
2. 將洋蔥切細丁。
3. 1/5杯的米加一杯水，加入洋蔥丁，放入電鍋蒸熟。
4. 最後把煮熟的鯛魚加入稀飯中混和即可餵食。

營養小筆記

・鯛魚富含蛋白質以及菸鹼酸，肉質細緻很適合寶寶。家中沒有開伙的媽媽們，常會覺得寶寶一餐吃魚的量不多，不知道甚麼時候才能把整條魚吃完，而感到非常麻煩。其實可以到生魚片攤或是超市買一份綜合生魚片（有鮭魚、鯛魚，或鮪魚），一次煮個2-3片，既方便，還可以每天變換不同的口味，缺點就是要多花一點錢囉！

花椰菜雞肉南瓜泥

材料

綠色花椰菜……適量　雞里肌……20克　南瓜……20克

製作方法

1. 南瓜去皮後切小塊，放入電鍋中蒸熟。
2. 雞肉洗淨放入滾水中燙熟，撈出後切碎。
3. 也將花椰菜用滾水燙熟，剪下菜葉部分備用。
4. 將蒸熟的南瓜用湯匙壓碎，再加入雞肉以及花椰菜葉即可。

營養小筆記

・花椰菜含有豐富的維他命C，記得不要川燙過久以免維生素流失。但這個階段的寶寶還無法咀嚼較硬的菜梗部分，所以需剪下菜葉餵食。菜梗部分切片後加入肉絲一起快炒，可以留給大人或是較大的寶寶食用。

10-12個月

增加食物多樣性，把握營養均衡

- 寶寶經過一段時間的吞嚥練習，對於半固體的食物大致已經十分適應，爸媽可以開始給一些軟質的固體食物，同時增加食物的多樣性，不要只吃固定幾樣食物，營養才會均衡。

- 關於用餐的時間，這個階段的寶寶應該開始試著一天吃三次的主餐，時間要接近大人的用餐時間，另外會有一到兩次的點心，並且養成好的餐桌習慣（坐在自己的位子用餐），10-12個月大的寶寶會對自己拿湯匙進食很有興趣，可以開始讓他們試試看，雖然會弄的一團糟！

- 如果家裡每天開伙，那麼只要把要煮的食材挑出一小部分另外煮給寶寶吃，這樣的好處是每天都可以變換口味，只是要多花一點點時間。但如果只有準備寶寶的食物，可以一次煮一鍋（如以下的營養稀飯，先不加米飯和青菜，只煮約一星期的湯頭分量），再用副食品分裝盒分裝成小份，這樣的好處是可以節省時間，只是有些挑嘴的小孩會不喜歡天天吃一樣的東西，記得偶爾還是要變換一下口味！

營養稀飯

材料

狗母魚……1尾　蒜頭……8-10粒　米……適量

製作方法

1. 將狗母魚切成塊，與蒜粒（用菜刀稍微拍扁）放入滾水中熬煮15分鐘，再用大湯匙將魚肉壓碎；壓碎後繼續熬煮15分鐘。
2. 將魚湯用篩網過濾掉魚肉及雜質，留下清湯做為湯底。將湯底冷卻後分裝冷凍儲存，可用市面上的副食品分裝盒或是製冰盒進行分裝。
3. 需食用時取出一份冷凍的湯底放入碗中，加入適量的米，可加入切碎的紅蘿蔔和魚肉，或是豬肉末以及吻仔魚，放入電鍋悶煮至軟即可。

營養小筆記

- 可加入蒜頭粒可以去除魚湯的腥味，也讓寶寶從小就習慣蒜頭的味道。
- 狗母魚通常在傳統市場才買的到，可跟魚販詢問，若不方便至傳統市場買菜的媽媽，在超市買帶骨的虱目魚替換也可以。

菠菜鮭魚拌飯

材料

鮭魚………少量
菠菜葉……3片
米…………1/4杯

製作方法

1. 1/4杯的米加半杯水，加入剁碎的鮭魚，一起放進電鍋蒸熟。
2. 將菠菜切碎，電鍋開關跳起後，再拌入鮭魚稀飯中，悶熟即可。

營養小筆記

- 鮭魚富含ω3不飽和脂肪酸，對於寶寶的腦部發育非常重要，另外也是維生素B群的其中一項來源；菠菜有豐富的膳食纖維，它的鐵質也是六到十二個月的小寶寶特別需要的，除此之外還含有均衡的葉酸、鈣質以及維生素A。
- 如果寶寶吞嚥能力還不錯，可將煮飯的水分減少，以免煮的太糊。這個階段的寶寶常常會厭倦泥狀食物的口感，所以不需要把所有的東西都打成泥，只需切碎或是壓碎，寶寶的接受度會比較高。

蛋黃絲瓜麵線

材料

絲瓜……1/4條
麵線……適量
雞蛋……1個

製作方法

1. 將麵線入滾水燙熟後，取出備用，並用剪刀剪小段。
2-4. 將絲瓜去皮切小塊。
5. 另起一鍋滾水，加入絲瓜塊煮至軟爛，再加入麵線。
6. 最後從雞蛋取出蛋黃，再把蛋黃打入麵線即可。

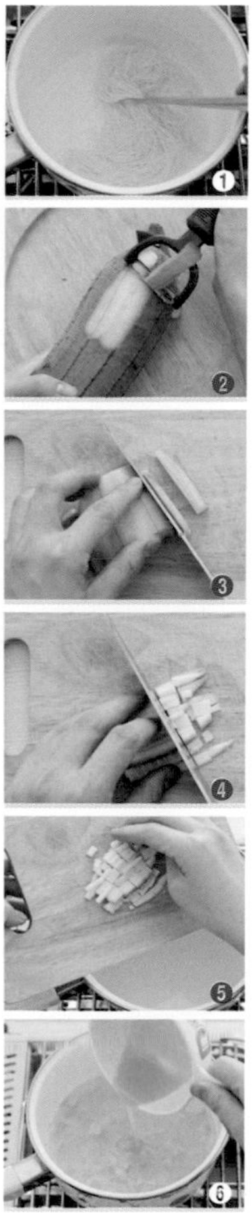

營養小筆記

- 麵線本身帶有鹹味，先燙過一次可以去除部分鹽分，不至於太鹹。餵食時用剪刀將麵線剪成小段，比較容易餵食。
- 絲瓜含有大量的水分以及纖維質，很適合便秘不愛喝水的寶寶；它熱量不高，卻富含豐富的維生素及礦物質；冬天煮這道菜時還可以加入少量薑絲，增添風味。

花椰菜鮪魚稀飯

材料

花椰菜…………2小朵
水煮鮪魚………1-2匙
米………………1/4杯
番茄、蛋黃……少許

製作方法

1. 將花椰菜洗淨在熱水裡燙熟，並用剪刀剪小段。
2. 用湯匙將水煮鮪魚壓碎。
3. 將花椰菜以及壓碎的水煮鮪魚，放進稀飯裡即可完成。
4. 最後將番茄和水煮蛋的蛋黃加入即可。

營養小筆記

- 水煮鮪魚罐頭較為清爽，適合寶寶食用；若家中只有油漬的鮪魚罐頭，記得先將寶寶要吃的部份用熱水沖過，再給寶寶食用。
- 鮪魚屬於高蛋白的食物，含有豐富的DHA，對寶寶神經系統的發育很有幫助喔！

香菇雞湯麵

材料

乾香菇……3朵
雞腿肉……1支
麵條………適量
薑片………2-3片

製作方法

1. 香菇洗淨後泡水至軟化，去除蒂頭不用。
2. 起一鍋滾水，將雞腿川燙後去除血水。
3. 另起一鍋滾水，加入薑片、香菇以及雞腿肉，小火慢煮至熟透，最後加入燙過的麵條。
4. 用剪刀將雞腿肉及麵條剪成小段後即可餵食。

營養小筆記

- 香菇含有豐富的膳食纖維，另外也含有人體所需的必需胺基酸，算是蔬果中蛋白質含量頗高的一項選擇。用熱水泡乾香菇會比較快軟化，可以節省時間。另外也可選用新鮮香菇，但煮出來的湯香氣會略嫌不足，需要多放一些味道比較足夠。
- 這道溫暖的湯麵也可以加入中藥材，例如紅棗以及枸杞，讓湯頭更有層次感。如果想一次煮一大鍋讓全家人一起享用，記得先把寶寶的那一份取出後，剩下的香菇雞湯裡再加入少量的蔭瓜熬煮，讓雞湯更有味道。

白花椰菜豬肉蒸飯

材料

白花椰菜……3小朵　腰內肉……30克　米……1/4杯

製作方法

1. 將白花椰菜洗淨後切小塊。
2. 將腰內肉剁成小丁，以利蒸熟。
3. 1/4杯的米加入半杯水，並放入豬肉以及白花椰菜，一起放入電鍋蒸熟。

營養小筆記

- 白花椰菜與青花椰菜一樣，都含有很豐富的維生素C與B群，不一樣的是，白花椰菜比起青花椰菜烹煮後較不易變色，用電鍋蒸煮後口感鬆鬆軟軟，味道也很清甜，對這個階段的寶寶來說很容易咀嚼吞食。
- 腰內肉口感較軟，若買不到此部位的豬肉，直接選購其他部位的豬絞肉也可以。
- 對忙碌的媽媽們來說，用電鍋煮這道菜比較方便，但如果媽媽們有多餘的時間，也可以用平底鍋加少量油，將豬肉以及花椰菜先行炒過再拌飯吃，也有不同的風味。

南瓜雞肉烏龍麵

材料

南瓜⋯⋯⋯20克
雞胸肉⋯⋯1條
烏龍麵⋯⋯適量

製作方法

1-2. 將南瓜去皮、去籽，並切成小丁。
3. 將雞胸肉切小丁，連同南瓜放進電鍋蒸熟。
4-5. 起一鍋滾水將烏龍麵燙熟後撈起。
6. 用剪刀剪成小段，再加入蒸熟的雞肉以及南瓜即可。

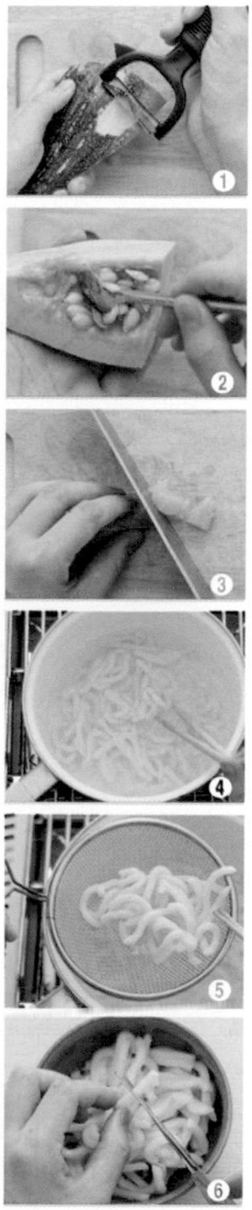

營養小筆記

・麵食類是另一項營養的選擇，記得用剪刀把麵條剪成小段，寶寶較容易吞食。
・雞胸肉較為軟嫩，特別是雞里肌，對於只長了幾顆牙齒的寶寶來說，不太會造成吞嚥上的困難；另外雞肉含有很豐富的蛋白質以及維生素B群，搭配各式的蔬菜都很可口。

1-3歲 少量油脂，營養無限

- 進入一歲以後，寶寶的飲食就由「奶類」轉為「固體食物」為主食，也開始從「被餵食」轉為「自行進食」，因為腎臟功能逐漸成熟，幾乎所有的食物都可以吃了！以下的菜單也適合大人一起享用，只要把分量增加就好了！這個階段的寶寶，食物裡已經可以加入少許的油以及調味料，但是盡量還是少加人工添加劑，讓寶寶可以吃到食材的原味。雖然爸媽常會擔心肥胖的問題，而限制寶寶飲食中脂肪的攝取，但為了健全神經系統的發展，兩歲以前盡量不要限制脂肪類的攝取。

- 一歲以上的小朋友的用餐時間就是大人的早、午、晚餐，也要試著自己拿餐具（叉子或湯匙），到了兩歲的時候，寶寶應該可以靠自己吃完一頓飯了！「挑食」常常是這階段最大的問題，再加上奶量減少，爸媽們總是怕寶寶吃的不夠、熱量不足。一歲以上的小孩常常會對特定食物感到厭惡或是排斥，記得不要強迫寶寶，如果試了幾次他真的非常不喜歡，那麼就挑選其他含有類似營養素的食材，並且增加食材的多樣性。

花椰菜豬絞肉地瓜飯

材料

花椰菜……5朵
腰內肉……20克
地瓜………20克
米…………1/4杯

製作方法

1. 腰內肉剁碎備用；鍋內加少許油將腰內肉炒至熟透，再加入花椰菜炒熟。可加少量鹽巴，或是炒肉時加少許醬油調味。
2. 將地瓜洗淨削皮切小塊。
3. 1/4杯的米加半杯水，加入切塊的地瓜，放入電鍋。煮熟後，加入炒熟的腰內肉和花椰菜，即可完成。

營養小筆記

- 花椰菜常常被用來當做肉類或海鮮類的配菜，小朋友通常都會被它可愛的形狀所吸引。花椰菜富含維生素C，另外還含有豐富的維生素D，對於鈣質的吸收很有幫助。用水煮的方式較容易使營養素流失，建議用炒或蒸煮的方式比較適合。
- 1歲的寶寶經過了半年多的吞嚥訓練，已經可以吃比較軟的乾飯；腰內肉較為柔軟，對於牙齒還沒有完整長出的寶寶來說，不會太過困難。2歲以上的寶寶應可以吃下花椰菜的枝幹，若年齡較小可將此部分去除。

趣味造型飯糰

材料

米飯⋯⋯⋯1碗
海苔片⋯⋯數片
鮭魚⋯⋯⋯30克
花椰菜⋯⋯3朵

製作方法

1. 將鮭魚用電鍋蒸熟，以湯匙壓碎。
2. 花椰菜用滾水燙過，用剪刀剪下前端葉子部分。
3. 壓碎後的鮭魚及剪下的花椰菜葉加入米飯中混合。
4. 用保鮮膜包住並旋轉，捏出喜歡的形狀，最後再以海苔片包覆即可。

營養小筆記

- 可自由選用愛吃的食材加入飯糰中，例如肉鬆、水煮鮪魚、菠菜、香鬆，再請小朋友自己捏製成喜愛的形狀及大小，自己做的東西通常都很樂意吃光光！
- 如果小朋友接受酸酸的口感，米飯中可加入一小匙的壽司醋增添風味。

洋蔥四季豆牛肉炒飯

材料

洋蔥……20克　牛肉……30克　四季豆……5-6根　白飯……1碗

製作方法

1. 洋蔥與牛肉都切成碎末狀，四季豆也切成小段（約0.5-1cm）。
2. 牛肉先用少量醬油與少量糖醃過。
3. 平底鍋加少量油，先將牛肉炒至半熟後取出待用。
4. 平底鍋重新加油，將洋蔥末炒至透亮，加入四季豆炒軟（可加少量開水），再放入白飯炒開，加入少量鹽巴調味，最後把半熟的牛肉加入炒熟即可。

營養小筆記

- 媽媽可以把這道菜的四季豆換成其他的蔬菜，例如紅蘿蔔或是青豆仁，讓挑食的小朋友不知不覺中把蔬菜吃下肚。
- 牛肉屬於高蛋白的食物，跟其他的肉類比起來，鐵質含量也很高，又富含維生素B群，屬於營養價值很高的肉類。記得不要炒的過熟，否則口感太硬，小朋友不易咀嚼。若不吃牛肉可用雞胸肉代替，雞胸肉在洋蔥炒熟後再加入即可。

番茄雞肉焗烤

材料

雞胸肉……約50g

牛番茄……1粒

起司絲……適量

麵包………1塊

製作方法

1. 牛番茄底部劃十字，放入滾水中加後將皮剝下。
2. 剝皮後的牛番茄切小塊。
3. 雞胸肉切碎末狀。
4. 麵包塊上塗上少量番茄醬（也可不加），放上雞胸肉和番茄粒。
5. 再鋪上起司絲，放入小烤箱烤5分鐘即可。

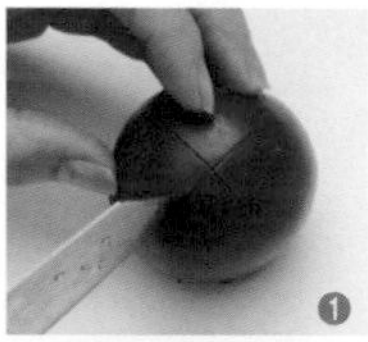

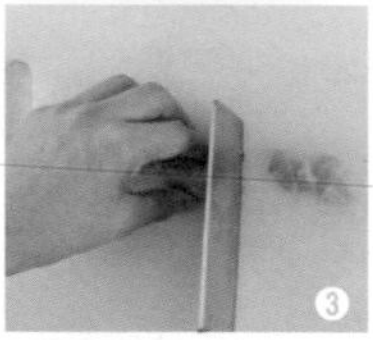

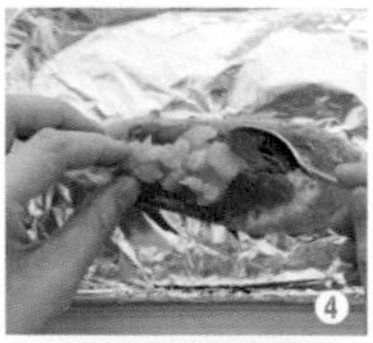

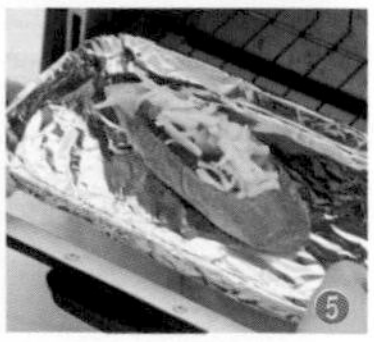

營養小筆記

- 這道菜可在平時先做好放置冰箱，等小朋友肚子餓時再放進烤箱完成，很適合當做小點心，一般家庭用的小烤箱就可以做這道菜。
- 也可以用吐司片，剪成適當大小（例如一片吐司分成四份，較適合小朋友的食量），再用同樣的作法完成。
- 起司含有蛋白質，脂溶性維生素，以及大量的鈣質，對於這個階段不愛喝牛奶的小朋友來說，是很好的營養來源。番茄中的茄紅素具有抗氧化的作用，生食或熟食的營養價值都很高。

蒜頭蛤蜊雞湯麵線

材料

雞腿肉切塊……1塊　　蛤蜊……5-6顆　　白麵線……適量
蒜頭粒…………5-6瓣

製作方法

1. 先將雞腿塊用滾水川燙去除血水，放置一旁備用。
2. 另起一鍋水（約雞肉的3倍量），加入蒜頭與川燙後的雞肉煮滾，再加入少量鹽巴，用電鍋或瓦斯爐皆可。
3. 雞肉熟透後再加入吐過沙的蛤蜊，以及煮熟的麵線，煮到蛤蜊殼打開後即可關火，最後可加點蔥花。

營養小筆記

・麵線本身帶有鹹味，記得雞湯裡的鹽巴不要加的太多以免過鹹。蛤蜊下鍋前再煮麵線，以免太早煮完，放置過久而糊掉。

番茄海鮮義大利麵

材料

番茄……1顆　蒜頭……3瓣　洋蔥…………1/4顆
海鮮……適量　花椰菜…3-5支　義大利麵……適量

製作方法

1. 將番茄剝皮後切小粒（請參考【番茄雞肉焗烤】番茄剝皮的方法），如果不介意吃到番茄皮，也可以不剝皮直接切小塊。
2. 起一鍋熱水，滾水中加一匙鹽巴，將義大利麵放入滾水中煮（可參考義大利麵包裝上建議的加熱時間）。順便用這鍋滾水一起燙花椰菜。
3. 將蒜頭切薄片，洋蔥切末；平底鍋內加橄欖油，把蒜頭片及洋蔥絲下鍋用中火炒開。
4. 加入番茄粒拌炒，可再加入1-2匙的番茄醬調味。
5. 把海鮮加入炒熟，再加入煮熟的義大利麵與花椰菜攪拌入味即可。

營養小筆記

・一歲以上的寶寶已經可以開始嘗試有殼的海鮮，若是爸媽擔心小朋友過敏，可一次嘗試一種海鮮，再觀察是否有出現紅色的皮疹等過敏現象。

・番茄含有豐富的維生素及礦物質，生食可以攝取到豐富的維他命C，煮過後還可攝取到茄紅素，就算是番茄罐頭也會含有大量的茄紅素，對於防癌抗氧化都有很棒的功效。可以讓小朋友自行拿叉子捲麵，增加吃東西的樂趣（雖然會把桌子弄的亂七八糟），也讓寶寶練習手的握力以及肌肉的控制力。

漢堡排

材料

豬絞肉……400g　洋蔥……1顆　雞蛋……1顆　牛奶……60c.c.
麵包粉……適量　鹽巴……少量　胡椒……少量

製作方法

1. 將洋蔥切成碎末狀，熱鍋加油炒至透明；炒過的洋蔥末放置盤中冷卻；麵包粉加牛奶混合。
2. 絞肉剁的碎一點，鹽巴加入絞肉中，用手攪拌至黏稠狀。
3. 將所有冷洋蔥末、雞蛋、麵包粉、胡椒加入絞肉中，繼續攪拌。
4. 攪拌完成後，用手取出適量絞肉，做成球形，兩手來回互丟拍打，將絞肉中的空氣排出。
5. 將拍打好的絞肉丸壓成圓扁型，中央稍微壓小洞（避免中央沒煎熟）。
6. 平底鍋放一大匙油，用中火先將漢堡排兩面煎至焦黃封住肉汁，再用小火悶煎5分鐘至肉汁流出即可。

營養小筆記

- 這道料理雖然手續看起來較為繁複，但平常可以多做一些，把每一片漢堡排用保鮮膜包起來，放入冷凍庫中備用，想吃的時候將它解凍就可下鍋煎熟，加一些些番茄醬，配白飯吃特別美味！
- 絞肉部分也可以選用牛絞肉與豬絞肉混和，另外還可加入紅蘿蔔碎末，或是其他不受歡迎的蔬菜，讓小朋友在不知不覺中把營養吃下肚喔！

綠豆湯

材料

綠豆……1碗　　紅砂糖……10大匙

製作方法

1. 先將綠豆泡水至少1小時。
2. 一碗綠豆加十倍的水，放進電鍋悶煮（外鍋加一碗水），電鍋開關跳起後再悶30分鐘。
3. 趁熱加入適量的紅砂糖即可。

營養小筆記

・自己做的綠豆湯清涼又消暑，還可以自由調整甜度，喝不完的綠豆湯可以放入模具中製成綠豆冰棒。

C O P Y R I G H T

文經社

文經家庭文庫 C213

0-3歲寶寶主副食全調理

腸胃決定孩子的健康與發育

文經社網址http://www.cosmax.com.tw/
www.facebook.com/cosmax.co 或「博客來網路書店」查詢文經社。

國家圖書館出版品預行編目資料

0-3歲寶寶主副食全調理：腸胃決定孩子的健康與發育
葉勝雄‧田馥綿 著. -- 第一版 -- 臺北市 ：
文經社, 民102. 04
面；公分. --（家庭文庫 ； C213）
ISBN 978-957-663-690-5（平裝）
1. 育兒 2. 小兒營養 3. 食譜
428.3 102003804

著 作 人：葉勝雄、田馥綿
發 行 人：趙元美
社 長：吳榮斌
企劃編輯：張怡寧
美術設計：王小明
出 版 者：文經出版社有限公司
登 記 證：新聞局局版台業字第2424號
社 址：24158 新北市三重區光復路一段61巷27號11樓

編輯部
電 話：（02）2278-3338
傳 真：（02）2278-2227
E-mail：cosmax.pub@msa.hinet.net

業務部
電 話：（02）2278-3158
傳 真：（02）2278-3168
E-mail：cosmax27@ms76.hinet.net
郵撥帳號：05088806文經出版社有限公司

印 刷 所：通南彩色印刷有限公司
法律顧問：鄭玉燦律師（02）2915-5229
定 價：新台幣 280 元

發 行 日：2013年 4 月 第一版 第 1 刷
2016年 1 月 第 6 刷

0-3歲寶寶
主副食全調理